응력장을 이용한 철근콘크리트구조설계

Design of Concrete Structures with Stress Fields

홍성걸 천성철 하태훈 김남희

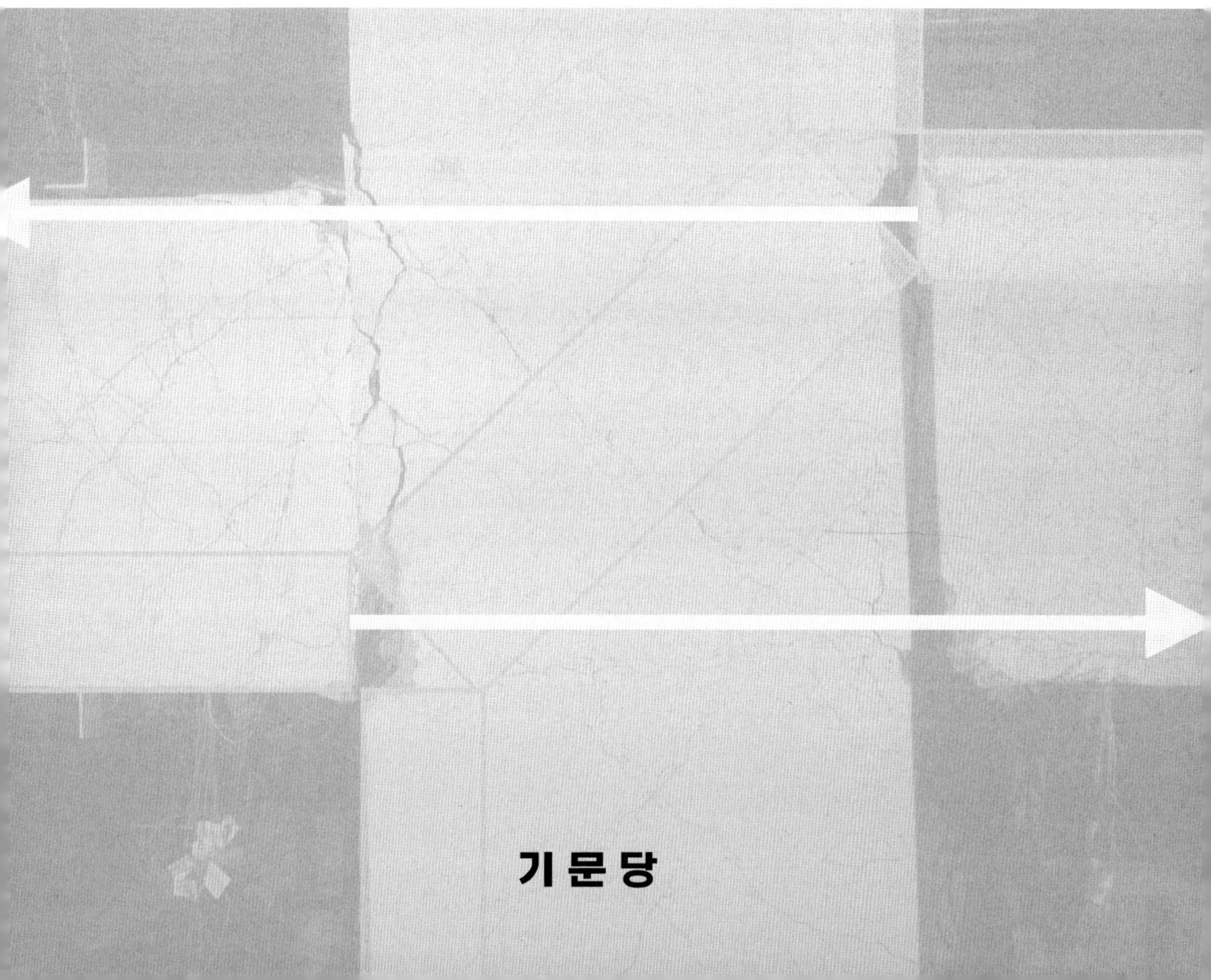

기문당

머리말

스트럿-타이 모델은 응력장의 합력을 표현한 결과이다. 응력장의 이해는 사실 스트럿-타이 모델의 이해와 숙련도를 고취시킨다. 책 제목의 응력장은 휨부재의 경우 모멘트 분포도에 해당한다. 일반적인 면부재의 면내응력 분포는 대부분 간단하게 구할 수 없다. 콘크리트 구조부재가 변형률의 평면유지법칙을 적용하기 쉽지 않아 면응력부재로 접근하는 것은 기본에 합당하다.

콘크리트가 인장응력에 약하기 때문에 균열발생 이후에 일축압축응력을 전달하는 것으로 다루는 것이 합리적이다. 그림을 새롭게 그린 이 책은 콘크리트 소성학의 유럽의 여러 갈래 중 하나인 스위스기술연방대학(ETH)에 뿌리를 둔 스위스 학파의 접근방법을 보여준다. 유럽의 콘크리트 소성학은 독일, 스위스, 그리고 덴마크에서 색깔이 다른 형태로 발전하였다. 독일은 근본적인 소성학 연구보다 실용적인 설계도구인 스트럿-타이 모델의 기법을 소개한 공적이 매우 크다. 그러나 콘크리트 소성학의 기초는 덴마크 학파와 스위스 학파의 기여가 크다. 이론과 실용으로 무장된 유럽의 콘크리트 소성학의 접근은 실용적인 스트럿-타이 모델로 가능하다.

스트럿-타이 모델을 이해하고 사용하고자 하는 독자는 눈으로만 그림을 보지 말고 연필로 직접 따라 그려 보라고 권한다. 그렇지 않으면 이해가 느려진다. 직접 그려봐야 콘크리트 구조물에 지나가는 힘의 흐름이 몸에 배기 마련이다. 자유물체도, 그리고 평형조건에 항복조건의 이해는 직접 응력장과 스트럿-타이 모델이 설계자에게 가까이 다가온다. 이 책에 나오는 대표적인 응력장의 종류는 이 책 외의 다른 경우에도 수정하면 적용할 수 있는 기본적인 모형이므로 잘 터득하여 성공하기를 기대한다.

구조해석에 치우친 구조공학은 반쪽이다. 해석과 설계는 똑같이 중요한 작업이다. 그림으로 보여주는 응력장과 스트럿-타이 모델은 설계자가 부재의 크기와 비례를 그리면서 느낄 수 있다. 간단한 힘의 흐름을 이해하면서 소위 개념적인 설계가 형성된다. 현란한 IT 기반의 기술발전으로 기본을 놓치기 쉬운 시대에 기술자의 손끝이 필요한 콘크리트 구조설계에 독자들이 뒷심을 실어준다. 끝으로 이 책의 그림을 그려준 서울대 구조재료연구실 연구원에게 감사드린다.

2011년 7월 초록이 간지러운 관악에서

편저자

차 례

01 바탕이론 1

1.1 머리말 1
1.2 소성이론의 기초 5
1.3 공학적 방법 17

02 간단한 구조물의 응력장 20

2.1 서 론 20
2.2 휨과 전단력을 받는 직사각형 단면의 보 21
2.3 휨과 전단력이 작용하는 I형 단면의 보 36
2.4 비틀림과 조합된 하중을 받는 부재 56
2.5 브래킷 64
2.6 연결보 65
2.7 골조의 접합부 67
2.8 단면이 급격히 변하는 보 77
2.9 벽체 80
2.10 3차원 예제 86

03 재료의 특성과 강도 87

3.1 철근 87
3.2 콘크리트 88
3.3 철근과 콘크리트 사이의 힘 전달 99

contents

04 .... **응력장에 관한 추가 고려사항** 109

4.1 철근콘크리트의 소성설계에 관한 고찰 109
4.2 응력장을 구성하는 과정 114
4.3 균열에 의한 강도감소 121
4.4 큰 압축응력을 받는 영역에서의 응력분포 122
4.5 프리스트레스트 보 126

05 .... **평면응력, 플레이트, 쉘 요소** 135

5.1 평면 응력요소 136
5.2 슬래브 요소 142
5.3 쉘 요소 145

06 .... **향후 전망 : 컴퓨터 프로그램** 147

참고문헌 150
찾아보기 153

1

| 바탕이론 |

1.1 머리말

"바탕이론보다 더 실용적인 것은 없다."
Robert Maillart

해석의 목적은 강도, 사용성, 내구성의 요구조건을 만족하는 최적의 구조시스템과 구성부재의 크기를 결정하는 것이다. 콘크리트구조설계의 중요한 단계는 부재 단면 크기와 철근 단면적을 결정하는 과정이다. 그 다음으로는 철근의 절단 위치(cut-off), 그리고 이음(splice) 등 철근상세의 과정이 뒤따른다. 인류가 근대적인 철근콘크리트 구조를 개발한 이래 오늘날에 이르기까지 수십 년간의 구조실험과 분석, 그리고 경험 법칙을 바탕으로 구조설계와 현장시공 분야에 적용해왔다. 그러나 아직도 일관성 있는 기본적인 이론이 성립되었다고 보기는 어려운 실정이다.

현재 통용중인 콘크리트구조설계 개념의 발전단계에서 현 위치를 J.G. Mac Gregor

가 논문 「Challenges and Changes in the Design of Concrete Structures[1]」에서 다음과 같이 기술하였다.

"재료의 거동은 '탄성' 영역과 '소성' 영역으로 나누어 생각할 수 있다. 약 200년 동안 재료의 항복 이후 거동을 무시한 채 구조물의 선형적인 거동한계에서 탄성이론에 기초하여 구조설계를 수행하였다. 오늘날 철근콘크리트 부재의 실무적인 설계방법에서는 단면에 작용하는 축력, 전단력, 휨모멘트의 크기를 산정하기 위하여 탄성해석을 우선 수행하고, 이를 토대로 모멘트와 축하중에 저항하는 단면적의 치수를 결정하기 위해 광의의 소성이론을 적용한다. 게다가 전단력에 저항하는 부재의 강도를 산정하기 위해서는 경험적이고 직관적인 접근방법에 근거해야 한다.

그러나 앞으로 10년 동안 철근콘크리트설계에 있어서 가장 중요한 발전 중 하나는 전단, 비틀림, 지압응력, 그리고 접합부와 모서리 부분 같은 구조적 불연속지점의 설계에 이르기까지 소성이론에 기초한 설계방법이 확대 · 적용될 것으로 예상한다. 소성이론에 기초한 설계는 구조물 내부에 흐르는 응력을 설계자가 제대로 이해할 수 있다는 장점이 있다.

소성이론에 상반되는 접근방법으로 유한요소해석을 들 수 있다. 이 방법은 구조물을 작은 요소로 나누어 구조물 내부의 응력과 변형을 구하는 해석방법이다. 이 방법으로 구한 해석결과는 경제적, 실용적 목적으로 유한요소 개수를 줄이거나 요소 배치를 간단하게 하기 위하여 문제를 지나치게 단순화해서 얻은 가정값과 다를 바 없다. 때때로 이러한 단순화는 문제의 본질을 완전히 왜곡할 수 있다. 유한요소 해석방법은 현대 콘크리트구조물의 한계상태설계법과 근본적으로 상반된다. 일반적으로 설계공식은 응력도가 아닌 축력, 전단력과 모멘트에 기초한 설계방법인데, 대부분 유한요소 해석방법은 탄성응력도와 탄성변형률의 결과로 표현한다. 만약 유한요소 해석방법으로 콘크리트의 균열효과를 무시한 채 해석을 수행하면 전통적인 보이론을 적용할 수 없는 구역에 대한 유한요소

해석결과는 매우 무의미해질 것이다. 공학자들이 유한요소 해석결과에서 배근 설계로 전환할 경우 적절한 지침과 방향 설정이 필수적이다."

이미 1938년 Ernst Melan[2]은 설계개념에 대하여 가치 있는 언급을 하였으나 오늘날까지 그의 핵심적인 개념을 크게 주목받지 못했다.

"…탄소성체(elasto-plastic body)에서 응력을 구하는 문제는 그 순간 존재하는 영구적인 변형에 대한 정보가 필요하다. 그러나 이러한 상태는 과거의 하중 특성에 의존하기 때문에 하중이력에 대한 정보가 필요하다. 실질적으로 대부분의 경우 임의의 연속상태로 여러 번 서로 다른 특성의 하중이 적용되었을 가능성이 높다. 따라서 일련의 하중이 작용한 후에 현재 적용되고 있는 하중에 의해 유발된 응력상태는 다르다. 이미 언급했던 것처럼 하중이력을 임의로 가정하기 때문에 해당 하중에 의한 응력상태는 현실적으로 무의미하다."

대부분 초기의 모든 구조물에는 잔류응력이 존재한다. 심지어 현 상태의 하중에 대해 응력을 정확하게 해석하더라도 불가피하게 불확실한 잔류응력의 영향을 받게 된다. 따라서 구조설계는 몇 가지 가정으로 구체화된 조건에 따른 응력해석결과에 기초할 수 없다. 그리하여 Robert Maillart(1872~1940)는 다음과 같이 자신의 견해를 피력했다[3].

"구조해석을 위하여 주어진 모든 조건을 고려하는 것이 필요한가? 물론 구조해석 시 모든 구체적 조건을 고려해야 한다는 견해를 가진 사람에게는 경계조건 등 계산과정이 명료해야 하며, 해석결과가 결정적으로 설계를 지배한다고 주장한다. 가능한 모든 조건을 고려하여 구한 결과가 해석과 설계과정에서 어떠한 방법으로든 갖가지 영향을 고려해야 하는 설계자에게 유일한 도움이 된다는 것은 명백하다. 계산의 결과는 직접 적용되거나 또는 해석조건이 수정된다. 설계과정에서 종종 수정이 필요한 경우가 발생한다. 예를 들어 설계자는 얇은 벽이 슬래브와 같은 정도의 응력이 작용하는 것을 허락하지 않으므로 얇은 벽이 약간 두꺼워지도록 부재치수를 조정할 것이다. 그러나 슬래브에는 해석에 의한 값보다 약간 높은 응력들이 작용되게 할 것이다. 설계자는 역시 춤이 높은(높이에 비해 경간이 작은) 보의 경우 계산상 검증한 부착강도(bond resistance)의 사용 여부를 고려해야 한다. 특별히 관례적인 표준과 설계기준을 학교 교과수업에서 사용하거나 원칙적인 것을 고수하는 공학자가 실제 상황에 적용할 때 그것은 불행하게도 잘못된 결과를 낳기도 한다. 심지어는 설계공학자들이 잘못된 결과를 역학적인 원칙으로 고수하도록 하여 설계공학자에게 더 많은 책임을 부여함으로써 일반적인 공식의 적용과 규칙을 완화하는 것은 구조설계에서 주목할 만한 질적인 향상의 결과를 초래한다. 따라서 대학에서는 표준과 설계기준을 다루지 않는 것이 바람직하다. 왜냐하면 기본적인 이해 없이 표준과 기준의 정보만을 주입시키는 것은 실무 작업과정에서 원칙적이고 기본적인 견해를 유지하므로 부정적인 영향을 미칠 수 있기 때문이다."

Emil Mörsch(1872~1950)은 역시 설계와 구조물의 구성을 최적화하는데 있어 다음과 같은 내용을 알게 되었다.

"철근콘크리트설계에 관여하는 공학자들은 각각의 구조재료 정보와 부재가 파괴에 이르는 거동에 관하여 정확한 지식을 가지고 있을 때 전통적인 계산법을 올바르게 사용할 수 있다. 그리고 이러한 재료와 그들의 거동에 관한 정확한 지식은 복잡한 철근콘크리트구조물의 설계, 시공에 대한 신뢰성을 높여주며 경제적으로 안전 요구사항을 충족시켜 준다."

철근콘크리트 또는 프리스트레스트 콘크리트구조물의 강도를 단순하지만 명확한 모델에 따라 산정할 수 있는 소성이론은 합리적이고 과학적인 기초를 제공한다. 물론 이러한 모델들은 간결하다는 특성 때문에 시스템 설계와 구조부재의 단면 및 디테일 설계에 사용된다. 소성이론으로 유용한 결과의 도출 여부는 체계적 실험, 그리고 무

엇보다도 실용적인 경험으로만 증명할 수 있다.

수년간의 경험에 기초하여 설계된 우수한 구조물은 예기치 않은 하중에 - 예를 들면 과도하지 않은 손상을 동반한 폭발, 지진, 지반침하 등도 지탱할 수 있다는 것이 확증되었다. 탄성이론에 의하면 이러한 예상치 못한 초과하중이 작용하는 경우에 구조물은 이미 붕괴되었을 것이다. 내력의 소성재분배는 "자기치유(self-healing)" 또는 다소 풍자적인 표현이지만 재료의 "영특함(smartness)"으로 적절히 묘사된다.

과거 40년 동안 구미 각국에서는 강구조부터 시작하여 철근콘크리트에 대한 재료특성, 구조물의 성능에 대해 광범위한 실험을 수행해왔다. 실제로 설계에서 특별히 중요한 것은 철근콘크리트에 대한 실험결과의 응용이다. 왜냐하면 부재, 접합부, 연결 부분에서 의도한 대로 역학적 역할의 성공 여부를 대부분의 파괴특성으로 결정할 수 있기 때문이다. 이러한 모든 시험들은 정적 거동과 철골, 철근콘크리트구조물의 강도에 대한 연구에서 소성이론이 합리적이며 논리적인 반면 모순 없이 단순한 방법이라는 사실을 증명하였다.

다음 절에는 소성이론의 기초를 간단히 기술하고, 한계상태이론이 직관적이고 물리적인 개념에 의해 유도되는 것을 설명하기로 한다. 이러한 소성설계 모델은 이론의 기초는 [5]에서 자세히 다룰 것이다.

1.2 소성이론의 기초

1.2.1 재료거동

소성이론 틀 속에서 한계이론의 적용을 위하여 필요한 첫 단계는 우선 구조재료의 역학적 특성을 적절하게 제한하는 것이 필요하다. 재료의 강도는 구조물의 강도를 결정하는 주요변수로 이용된다. 사용 재료의 소성변형이 탄성변형보다 충분히 큰 경우에는 탄성변형을 무시할 수 있다.

그림 1-1에서 구조강재 또는 철근에 대하여 매우 단순한 응력-변형률 관계를 표현할 수 있다. 또는 강체-완전소성 거동은 항상 실제 현상을 극단적으로 단순화한다고 가정하는데, 그 가정은 전체 변형률이 탄성한계 변형률 ε_{sy}보다 훨씬 큰 경우에 적절하다. 그런 다음 변형률의 비율 ε_s, 즉 변형 증가의 방향을 구체화하는 것이 필요하다.

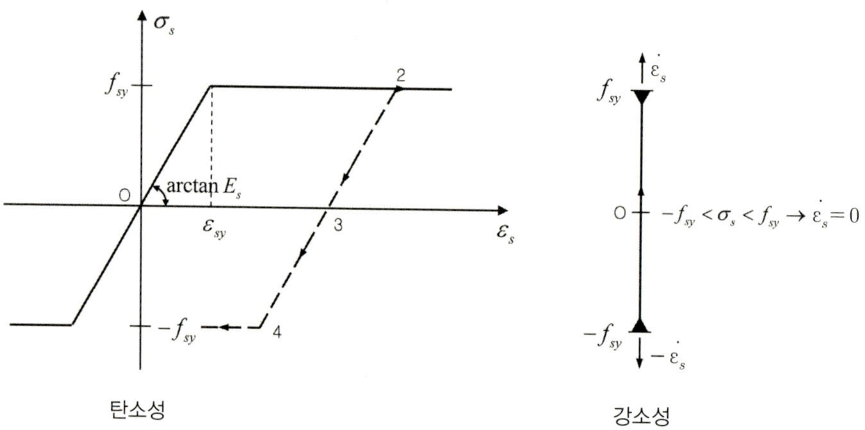

그림 1-1 철근의 이상화된 응력-변형률 그래프(diagram)

그림 1-2의 콘크리트 거동은 강재의 경우보다 실제 거동을 훨씬 더 단순화한 것이다.

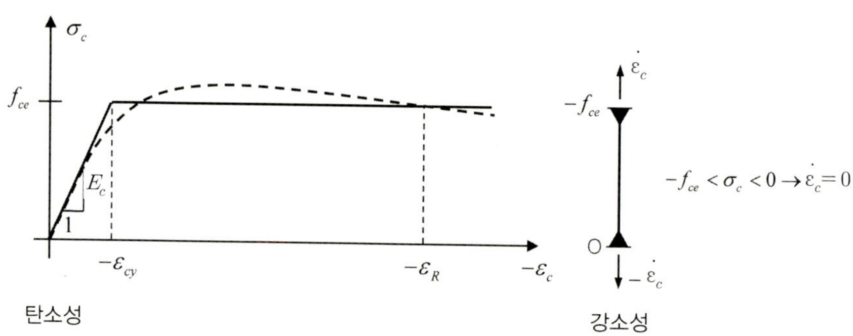

그림 1-2 콘크리트의 이상화된 응력도-변형률 그래프(diagram)

실제로 강도값의 결정으로 철근의 항복응력 f_{sy}와 콘크리트 유효압축강도 f_{ce} 값에 대해서는 3장에서 자세히 다루기로 한다.

모멘트-곡률 관계

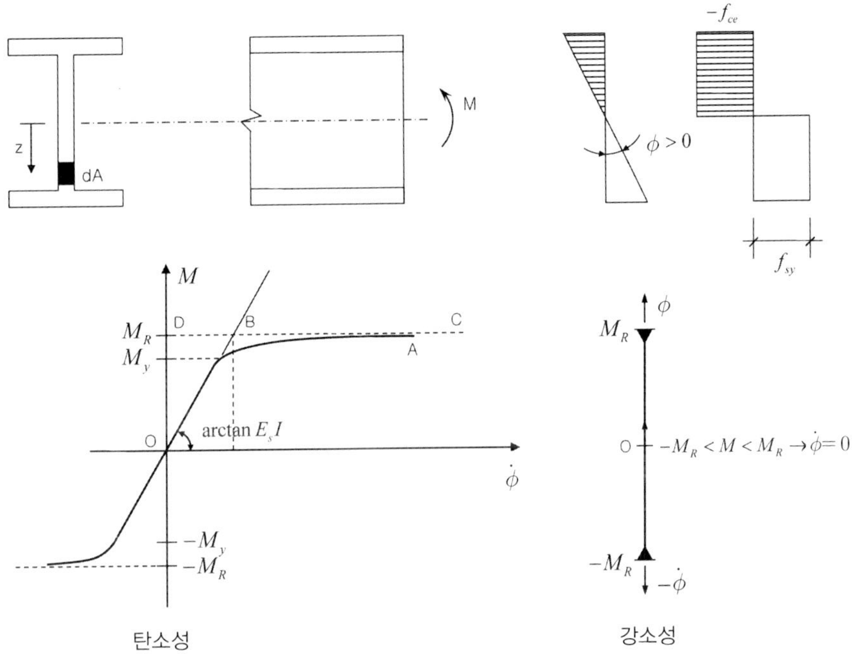

그림 1-3 I-형 보의 모멘트-곡률 그래프(diagram)

프레임과 보 부재와 같은 휨거동이 지배하는 시스템에서 정적거동의 파악은 단면의 모멘트-곡률관계에 대한 이해와 공학적인 가정이 필요하다. 플랜지가 있는 강재보(steel girder)에 대한 모멘트-곡률 관계는 그림 1-3에 나타나 있다.

처짐곡선을 계산하기 위해서는 $M-\phi$ 그래프의 정확한 곡선 O-A 또는 두 개의 직선(OB, BC)으로 구성된 근사 그래프 O-B-C 둘 중 하나를 사용하는데, 그래프 O-A와 O-B-C는 웨브(web)를 무시한 I 단면의 $M-\phi$ 그래프를 나타낸다.

강체-소성해법은 오로지 소성모멘트 크기 M_R과 소성곡률 증가분 $\dot{\phi}$ 만을 사용한다. 철근콘크리트 보의 모멘트-곡률 관계는 그림 1-4에 도시하였다.

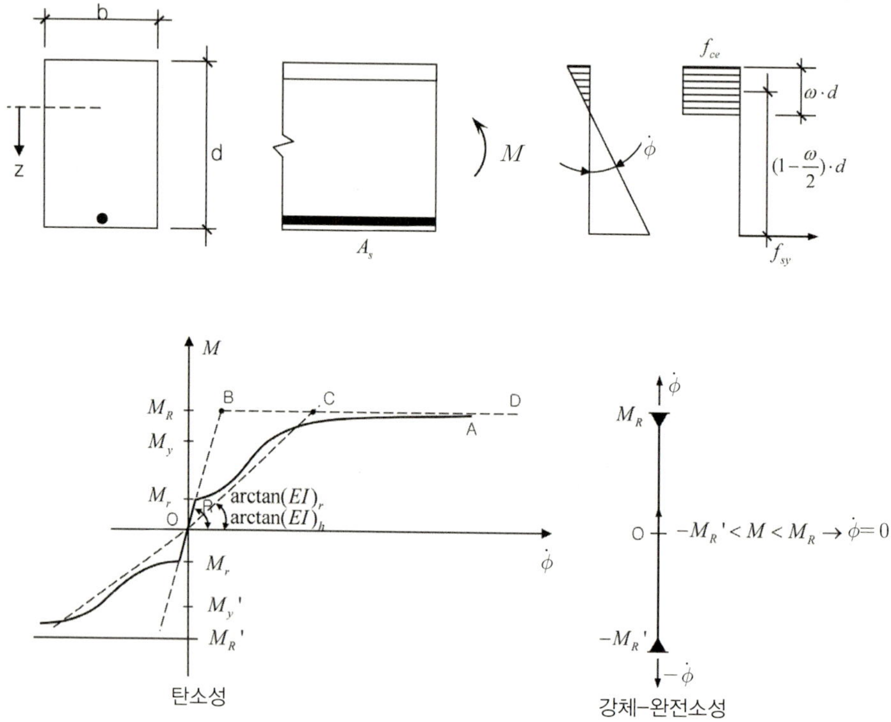

그림 1-4 철근콘크리트 보의 모멘트-곡률관계

균열모멘트 M_r에 도달하기까지 균일한 콘크리트 단면의 강성$(EI)_h$은 유효하다. 균열모멘트 M_r에 도달한 이후 균열의 개수와 균열폭이 증가하고, 강성은 인장강도 $(EI)_h$가 없는 철근콘크리트 단면의 강성까지 감소한다.

항복모멘트 M_y, 즉 $\sigma_s = f_{sy}$에 도달한 후 강도는 급격히 감소한다.

만약 항복모멘트 $\dot{\phi}_y = M_y/(EI)$ 값에 도달하는 지점에서 곡률이 파괴점에 다다를 때 전체 곡률과 비교했을 때 상대적으로 작다면 강체-완전 소성 거동은 문제를 단순화시켜서 접근할 수 있다.

1.2.2 소성이론의 한계상태 법칙

소성학에 근거한 한계상태이론에 따라 붕괴하중을 간단히 산정할 수 있다. 초보자의 이해를 돕기 위하여 비교적 간단한 부정정보 시스템을 예로 들기로 하자. 매우 단순한 물리학적 원리로 증명된다.

한쪽 단부가 고정된 부정정보에서 양단부로부터 1/3 지점인 2곳에 2개의 집중하중이 작용하는 경우 탄성해석법과 소성해석법에 따른 결과는 그림 1-5와 같이 표현할 수 있다.

지금부터 한계해법에 따라 붕괴하중을 구하기 위해 정역학적 해법(statical method) 및 기하학적 붕괴해법(kinematical method)을 설명하고자 한다.

(a) 정역학적 해법(static solution)

정역학적 해를 구하기 위해 오로지 응력에 대한 정보만 필요하다.

- 보에 대한 평형조건

$$\frac{dM}{dx}=V \tag{1.1}$$

$$\frac{dV}{dx}=-q \tag{1.2}$$

- 보에 대한 정적 경계조건(그림 1-5)

$M_D=0$: 경계조건 $x=l$

- 항복조건

평형조건과 정적 경계조건을 충족시키는 $M(x)$의 각 해는 허용하지만 항복조건에 의해 제한받는다.

$$-M_R' \leq -M(x) \leq M_R \tag{1.3}$$

즉 모멘트는 보의 정소성모멘트값 M_R', 그리고 부소성모멘트값 $-M_R$에 의해 한정된다.

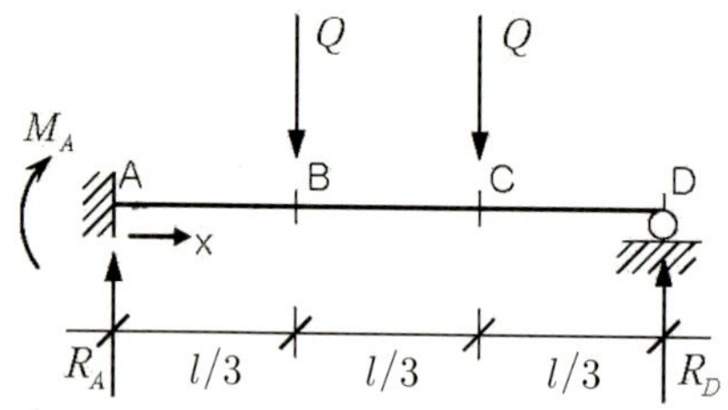

강성 : EI = 일정

소성모멘트 = M_R(정모멘트) : M_R' (부모멘트)

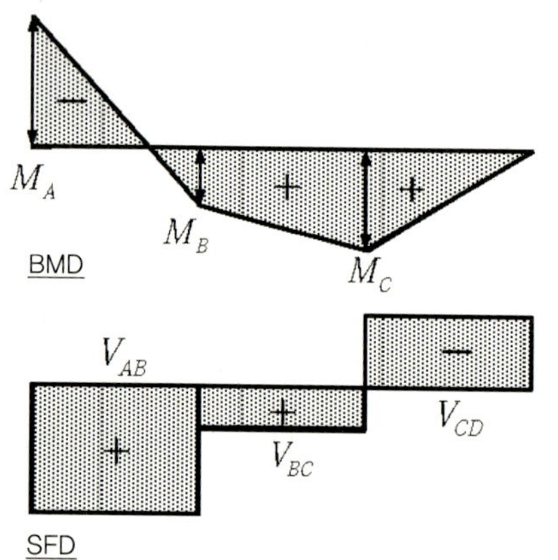

탄성해법

$M_A = Q \cdot l/3$ $\quad V_{AB} = 4 \cdot Q/3$

$M_B = Q \cdot l/9$ $\quad V_{BC} = Q/3$

$M_C = 2 \cdot Q \cdot l/9$ $\quad V_{CD} = -2 \cdot Q/3$

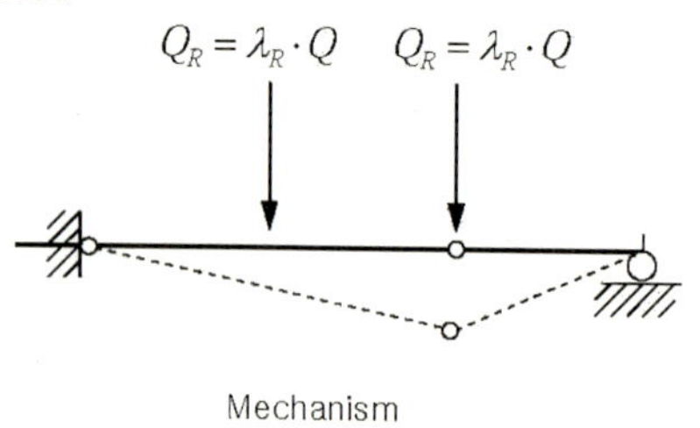

소성해법

$Q_R = \lambda_R \cdot Q = (3 \cdot M_R + M_R')l$

$M_A = -M_R'$ $\quad V_{AB} = (3 \cdot M_R + 2 \cdot M_R')/l$

$M_B = M_R - M_R'/3$ $\quad V_{BC} = M_R'/l$

$M_C = M_R$ $\quad V_{CD} = 3 \cdot M_R/l$

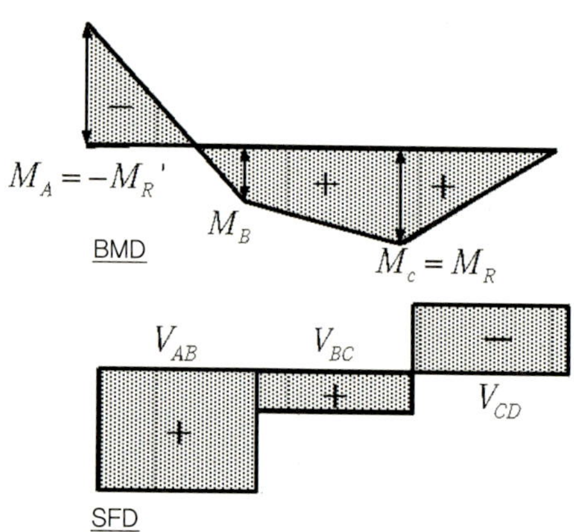

그림 1-5 탄성해법과 소성해법

그림 1-6은 정역학적으로 가능한 평형 시스템의 3가지를 보여준다. 이러한 3가지 평형시스템에서 정적 응력 경계조건과 항복조건을 만족하는 평형상태 시스템은 반드시 항복 붕괴기구를 형성해야 하는 것은 아니라는 사실도 명백하다.

붕괴기구 형성을 위해 정적 조건의 몇 가지 풀어주는(statical weakness) 방법을 소개하고자 한다. 예를 들면 지점 또는 고정단을 제거하거나 $M=0$인 힌지를 사용하여 단면적의 저항을 인위적으로 완화시키는 방법 등이 있다.

이러한 이유로 평형상태의 하중은 붕괴하중보다 작은 값을 가진다. 따라서 다음의 이론이 성립한다.

하한계이론 $[Q_s] \leq [Q_R]$

"정역학적으로 가능한 응력장을 기초로 어디에서도 항복조건을 위반하지 않는 하중시스템 $[Q_S]$는 붕괴하중 $[Q_R]$에 대해 하한계(lower bound)이다."

여기서 몇 가지 가정과 정의를 살펴보고자 한다.

- 시스템에 작용하는 모든 하중은 같은 비례로 증가한다. 즉 모든 하중은 서로 비례하거나 $[Q_S]=\lambda_s \cdot [Q]$의 관계가 성립한다고 가정한다. 따라서 전체 하중시스템은 하나의 변수로 조절되고 만약 전체 하중시스템이 하나의 변수로 조절되지 않는다면 하중조합은 개별적으로 검토하여야 한다.
- 응력상태는 시스템이 평형조건과 정역학적 경계조건(force boundary condition)을 충족시킬 때 정역학적으로 가능하다.

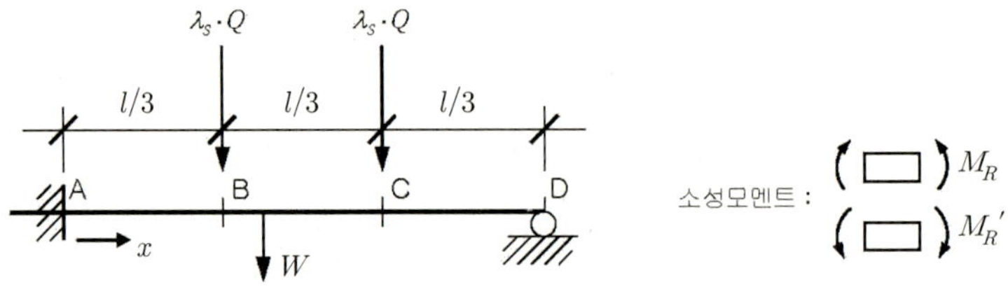

경계조건 : $w_A = 0$(기하조건)
$w_A' = 0$(기하조건)

경계조건 : $w_D = 0$ (기하조건)
$M_D = 0$ (정역학적 조건)

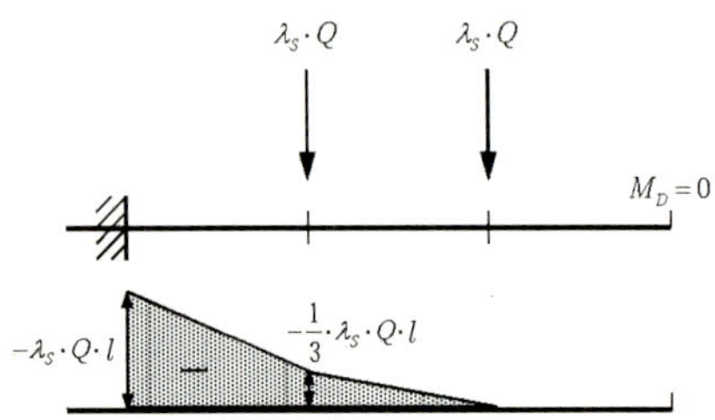

평형 시스템 1

$$M_A = -\lambda_s \cdot Q \cdot l = -M_R'$$

$$\lambda_{s1} = \frac{M_R'}{Q \cdot l}$$

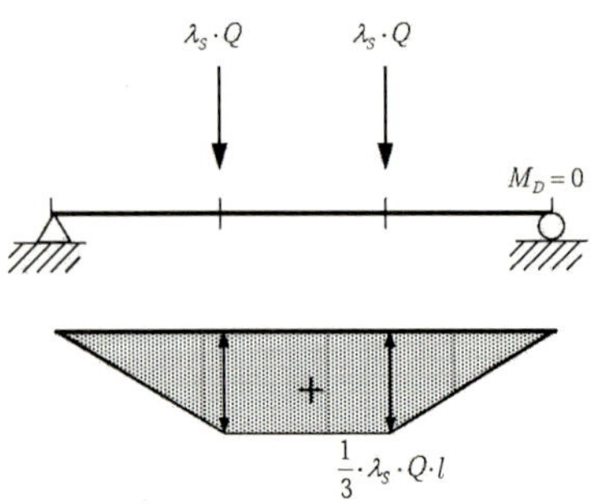

평형 시스템 2

$$M_B = M_C = \frac{1}{3} \cdot \lambda_s \cdot Q \cdot l = M_R$$

$$\lambda_{s2} = \frac{3 \cdot M_R}{Q \cdot l}$$

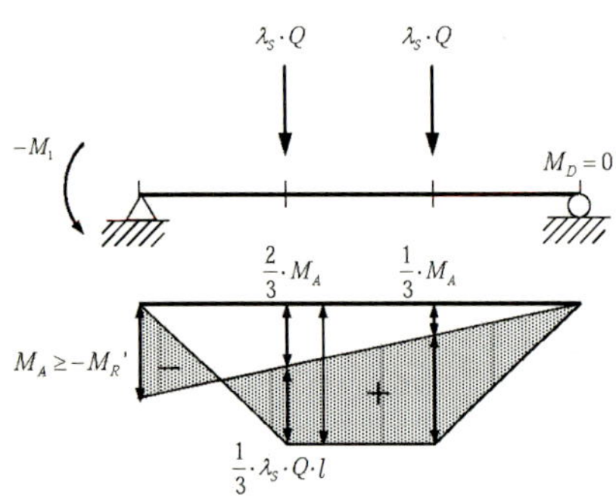

평형 시스템 3

$$M_A = M_R'$$

$$M_C = \frac{1}{3} \cdot \lambda_s \cdot Q \cdot l - \frac{1}{3} \cdot M_R' = M_R$$

$$\lambda_{s3} = \frac{3 \cdot M_R + M_R'}{Q \cdot l}$$

그림 1-6 정역학적으로 가능한 응력상태(휨모멘트 다이어그램)

- 붕괴기구는 하중 증가 없이 시스템의 추가변형이 가능한 정도까지 소성영역이 형성된 상태를 묘사하며, 소성영역은 소성힌지 또는 힌지 라인(hinge lines)의 형태로 형성된다.
- 항복조건을 위반하지 않는 정역학상 허용 가능한 응력상태에서는 일반적으로 붕괴기구가 발생할 만큼 힌지가 충분히 형성되지 않는다. 따라서 붕괴기구를 형성하기 위해 시스템의 약화(weakening)가 필요하다(그림 1-6 참조). 의도적으로 붕괴상태를 가정한다. $[Q_S]$의 최대값이 붕괴기구에 대응한다.

$$\text{최대} \ [Q_S] = [Q_R] \tag{1.4}$$

(b) 기하학적 붕괴해법(Kinematical Solution)

이 접근방법은 순전히 기하학적(Kinematical)인 형상에 기초한다. 가정한 붕괴기구는 기하학적 경계조건을 만족하여야 한다. 소성힌지의 회전각은 항복조건과 소성흐름법칙(flow rule)에 근거한다. 나머지 구조요소들은 모두 강체로 간주할 수 있다.

그림 1-7의 붕괴기구 1을 예로 들어 설명하고자 한다. 소성힌지 B의 모멘트는 부소성모멘트와 같고 $(M_B = -M_R')$, 소성힌지 C에서 모멘트는 정소성모멘트와 같다 $(M_C = -M_R)$고 가정한다. B-C부분과 C-D부분은 붕괴기구를 형성한다. 그 시스템은 하중 Q_{k1}과 평형상태에 있다. 붕괴기구가 단자유도(각도 3θ)에 의해 결정되므로 평형상태는 가상일의 원리에 의해 가장 쉽게 표현될 수 있다.

가상변위 원리 또는 가상일의 원리

만약, 평형상태를 유지한 시스템에 가상변위가 설정되면, 외부일과 내부일의 합은 0이다.

$$A_a + A_i = 0 \tag{1.5}$$

가상변위는 크기가 매우 작아서 평형상태에 영향을 미치지 않는 그야말로 가상변위이다. 만약 가상변위 원리 또는 가상일의 원리가 변위의 속도로 표현된다면 가상속도의 크기는 평형상태에 아무런 영향도 미치지 않는다.

그림 1-7에서 각각의 평형 시스템은 가상변위 원리를 이용하여 설정할 수 있다. 강체-완전소성(rigid-plastic) 시스템에서 내부일 A_i는 소성힌지의 회전각으로 소산된다. 내부일 A_i는 항상 소산되므로 음의 값을 가진다.

$$A_a = -A_i \tag{1.6}$$

우측 항 A_i가 음(−)의 값이므로 A_a값은 항상 양(+)의 값을 가진다.

그림 1-7에 있는 상황은 다음과 같이 묘사된다. 붕괴기구 1은 보의 A-B부분에서 항복조건을 심각하게 위반하는, 즉 $M < -M_R'$인 휨모멘트도가 존재한다는 것을 보여주고 있다. A-부분이 보강된다면 시스템은 계산된 하중 Q_{k1}을 지지할 수 있다. 붕괴기구 2는 보의 가운데 부분에서 항복조건을 위반하는 휨모멘트 다이어그램을 보여주는데, 가운데 부분이 보강된다면 이 시스템 역시 계산된 하중을 지지할 수 있다.

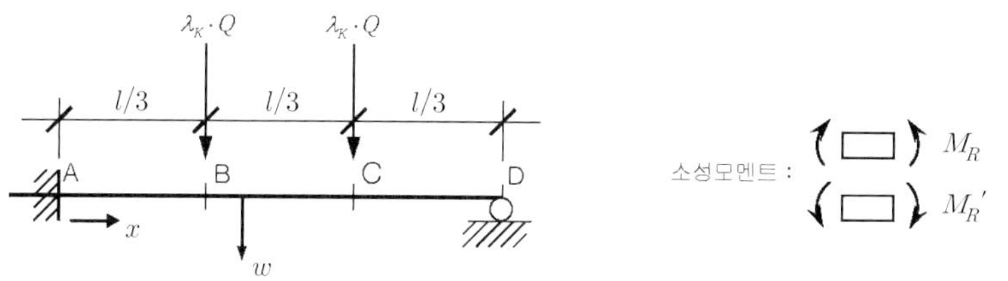

경계조건 : $w_A = 0$ (기하조건) 경계조건 : $w_D = 0$ (기하조건)

$w_A' = 0$ (기하조건) $M_D = 0$ (정적 조건)

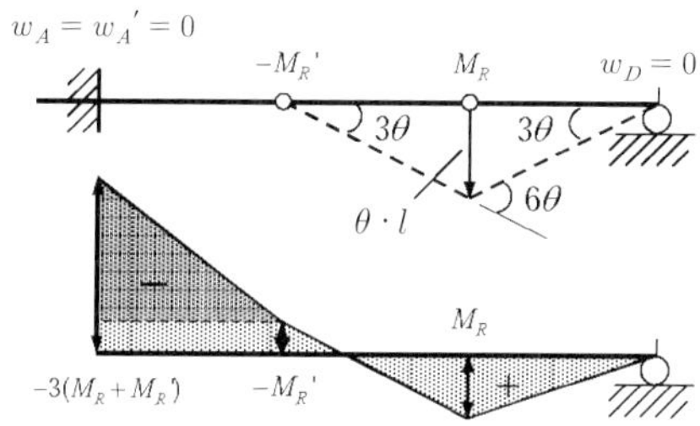

붕괴기구 1

$$\theta \cdot L \cdot \lambda_K \cdot Q = 6 \cdot \theta \cdot M_R + 3 \cdot \theta \cdot M_R'$$

$$\lambda_{K1} = \frac{6 \cdot M_R + 3 \cdot M_R'}{Q \cdot L}$$

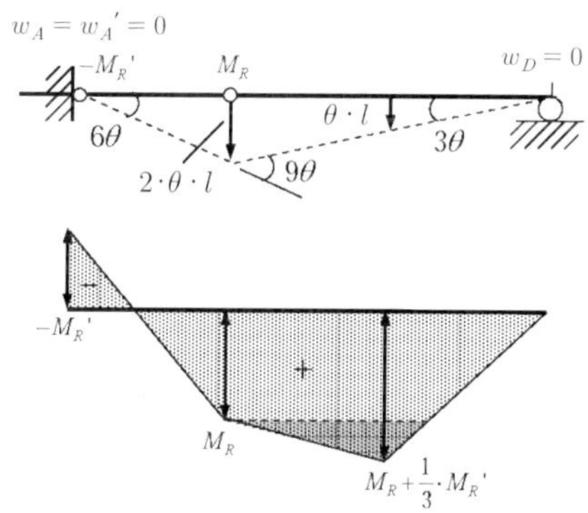

붕괴기구 2

$$(1+2) \cdot \theta \cdot L \cdot \lambda_K \cdot Q = 9 \cdot \theta \cdot M_R + 6 \cdot \theta \cdot M_R'$$

$$\lambda_{K2} = \frac{3 \cdot M_R + 2 \cdot M_R'}{Q \cdot L}$$

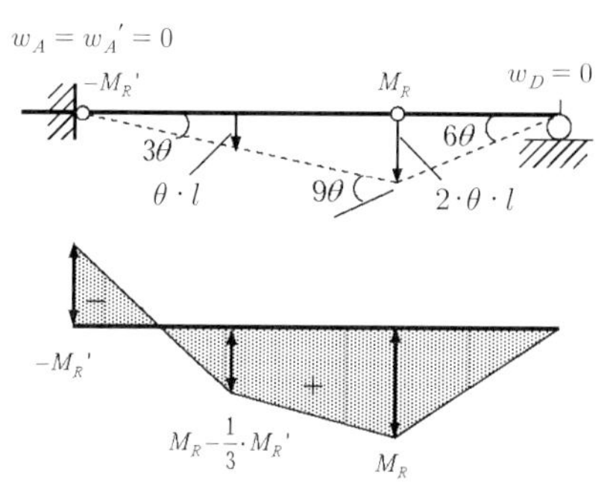

붕괴기구 3

$$(1+2) \cdot \theta \cdot L \cdot \lambda_K \cdot Q = 9 \cdot \theta \cdot M_R + 3 \cdot \theta \cdot M_R'$$

$$\lambda_{K3} = \frac{3 \cdot M_R + M_R'}{Q \cdot L}$$

그림 1-7 휨모멘트도와 연관된 기하학적 허용 변위장 (붕괴기구)

그러나 붕괴기구 3은 어디에서도 항복조건을 위반하지 않는, 즉 $-M_R' < M(x) < M_R$인 휨모멘트도를 나타낸다. 동시에 붕괴기구 3은 $-M_A = M_R$, $M_C = M_R$인 2개의 소성힌지가 존재한다는 것을 보여준다. 그러므로 추가 하중 증가는 불가능하고 다음의 이론이 성립한다.

상한계이론 $[Q_k] \geq [Q_R]$

"기하학적으로 가능한 변위장(속도장)을 가진 평형상태의 하중시스템 $[Q_\kappa]$이 붕괴기구를 형성할 때 하중시스템 $[Q_\kappa]$은 붕괴하중 $[Q_R]$에 대하여 상한계(upper bound)이다."

다음과 같은 정의를 사용한다.

- 저항과 변형이 항복조건 및 소성흐름법칙을 만족하고, 기하학적 경계조건을 충족한다면 변위장(속도장)은 기하학적으로 허용 가능하다.
- 붕괴 붕괴기구는 기하학적으로 가능한 변위장이고 단자유도를 나타낸다.

붕괴기구는 일반적으로 구조물의 여러 부분에서 항복조건을 위반하는 응력상태를 도출한다. 시스템이 대응하중 $[Q_\kappa]$를 지지하려면 항복조건을 충족하지 못한 부분들이 강화되어야 한다. 시스템의 모든 부분에서 항복조건을 위반하지 않는 붕괴기구에 $[Q_\kappa]$의 최소값이 대응한다.

$$\text{최소 } [Q_k] \Rightarrow [Q_R] \qquad (1.7)$$

그림 1-8은 완전한 해를 구하기 위해 필요한 3개의 조건을 나타낸다. 하한계이론은 일반적으로 붕괴기구에 대한 조건을 위반하고 상한계이론은 항복조건을 위반한다.

정역학적 해법과 기하학적 붕괴해법은 약산해법이 아니라는 사실에 주목해야 한다. 붕괴하중의 계산은 선형 수학 프로그램을 사용하는데, 그것은 선형 평형조건과 선형 형태로 제한되는 항복조건에 근거한다. $[Q_s]$의 최대값은 붕괴하중 $[Q_R]$에 대응한다. 각각의 선형 프로그램은 2개의 해 $[Q_k]$를 가지고 있다. 그래서 $[Q_k]$의 최소값이 붕괴하중 $[Q_R]$에 대응한다. 소성이론의 2가지 한계법칙은 수학적 문제를 물리적 수식으로 나타낸다.

조 건	정역학적 해법	완전해법	기하학적 붕괴해법
평 형 항복조건 붕괴기구	OK OK ?	OK OK OK	OK ? OK
결 과	하한계 $[Q_S] \leq [Q_R]$	붕괴하중 $[Q_R]$	상한계 $[Q_k] \leq [Q_R]$
방 법	정역학적 방법	–	붕괴기구 방법

그림 1-8 소성해법의 개요

한계법칙은 강소성 재료 거동의 단순화로 가정되는 2차원 또는 3차원 문제에서도 역시 유효하다.

1.3 공학적 방법

소성이론의 실용적인 적용은 한계이론에 근거한 설계방법으로 발전되었다.

앞 절에서는 소성이론의 한계법칙을 단순한 예제를 통해 소개하였다. 구조물 요소의 기하학적 형태와 소성응력분포에 따른 저항을 나타내는 정역학적 시스템이 주어진다. 붕괴하중은 소성이론을 적용하여 결정할 수 있다.

이 절차는 주어진 구조물의 붕괴하중을 계산하는 방법, 즉 소성해석(그림 1-9a)을 의미한다. 이 경우 치수가 주어져 있고 효율적인 방법으로 단면 크기와 배근이 결정된 구조물의 붕괴하중을 기하학적(붕괴기구) 방법을 사용해서 계산한다. 기하학적(붕괴기구) 방법은 상한계 값을 산출하기 때문에 결과는 불안전한 쪽에 놓이므로 적절한 경험을 바탕으로 검토해야 한다. 더욱이 응력상태는 힌지영역 안에 있는 것으로 알려져 있고, 그 결과 그 영역 바깥에 있는 요소와 세부항목을 체크하는 것이 불가능하다. 따라서 어떤 경우에는 붕괴하중의 경계를 합리적으로 설정하고 중요한 세부사항을 체크하기 위해 정역학적 해법이 필요하다.

그러나 만약 주어진 하중으로 이루어진 하중조합에 대한 철근과 단면 기하형태를 결정해야 한다면 그 문제는 설계문제가 된다(그림 1-9b). 이 경우 정역학적 방법을 적용하는 것이 유리하다. 첫 번째는 내부응력을 결정한 후 내부응력이 항복응력을 어디에서도 위반하지 않도록 철근배근을 결정하여야 한다. 따라서 다음과 같이 하한계법칙을 재구성하는 것이 편리하다.

“소성설계에서 응력장은 평형조건과 정역학적 경계조건을 만족하는 많은 해 중에 경제적인 것을 선택한다. 모든 곳에서 작용응력이 강도보다 작거나 같아지도록 단면치수와 철근치수를 조절한다.”

골조구조물의 설계에서는 응력장을 선택하는 대신 내부응력의 분포를 선택해야 한다. 하중시스템에 대응하는 허용 가능한 응력상태는 구조물의 내부응력 합력을 결정함으로써 모든 구조물의 요소, 그리고 특히 중요한 세부요소들이 정확하게 조절하여 설계한다.

그림 1-9b는 붕괴하는 경우를 예로 들어 지배하는 설계규칙인 소성해석과 설계방법을 설명하고 있다.

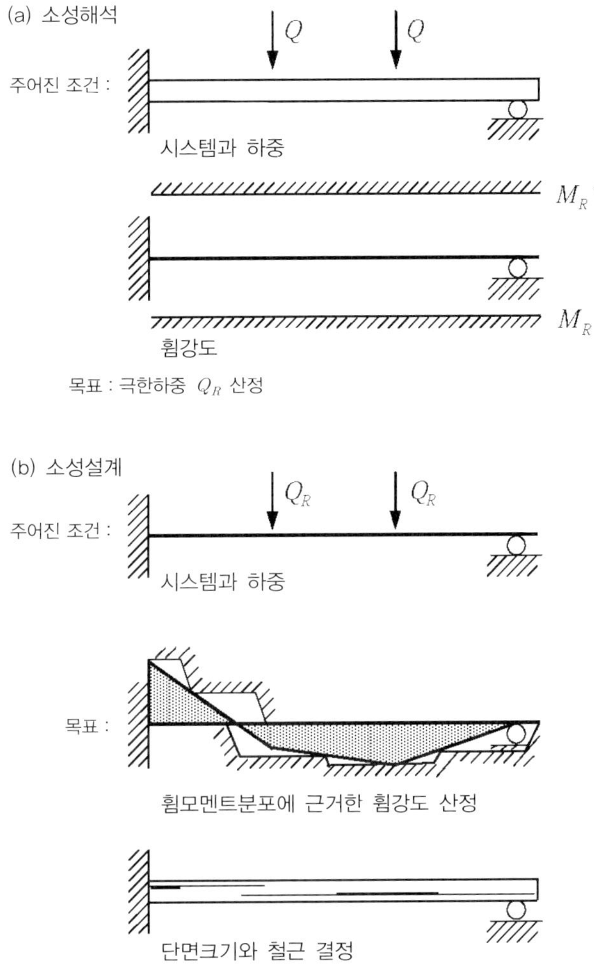

그림 1-9 소성해석과 소성설계

2

간단한 구조물의 응력장

2.1 서 론

이 장에서는 응력장을 이용하여 단순한 철근콘크리트 또는 프리스트레스트 콘크리트구조물의 거동과 강도선정 방법을 이해하기로 하자. 보의 웨브와 플랜지, 단순한 벽체, 브래킷, 보, 골조의 접합부에 대해 언급하고, 이 방법에 따른 대부분의 설계 유형은 이미 제시되었다.

현실적으로 모든 구조물의 요소는 3차원이다. 그러나 비교적 쉬운 이해를 위하여 2차원 판요소(즉, 요소의 두께에 따른 응력변화가 없는 판응력상태)로 간주되거나 또는 3차원의 부재를 몇 개의 판요소로 나누어 접근하기로 하자. 2차원 구조요소가 부정정구조이므로 외부하중에 대하여 많은(이론적으로 무한한 수의) 조합의 응력상태가 평형조건을 만족하는 것이 가능하다. 만약 소성이론의 하한계 방법이 선택된다면 허용 가능한 응력장의 조합으로 가능하다. 4장에서는 이 방법이 철근콘크리트 구조물을 설계하는데 적절하다는 것을 보여주고, 구조거동에 있어서 마지막 구조시스템 선택의 중요성에 대해 자세히 다룬다.

상한계와 하한계를 실용적으로 처음 사용한 사람은 Ritter [6]와 Mörsch [4]였는데, 이들은 이미 20세기 초에 트러스 모델을 사용하여 내부응력상태를 표현하였다. 소성이론에 근거한 응력장은 60년대 초반 Drucker[7]에 의해 발전되었고, 이후 소성이론의 응력장 방법은 더욱 진보하여 그 내용의 개요는 Thürlimann et al[8], [9], Nielsen[10], Chen[11], Müller[12], Marti[13], 그리고 Collins, Mitchell[14]의 논문에 자세히 기술되어 있다. 탄성영역에서의 거동을 고려한 방법의 적용은 Schlaich et al.[15], [16]에 의해 제안되었다.

2.2 휨과 전단력을 받는 직사각형 단면의 보

직사각형 보의 거동이 쉽게 이해되고 주요한 특성이 알려져 있지만, 여기서는 알려진 해법을 다시 설명하는 것보다 응력장의 형성과정을 강조하기로 한다. 이러한 방법으로 응력장에 대한 구성방법과 그 예를 소개하고자 한다.

우선 2개의 대칭지점에 하중이 작용하는 단순지지 깊은 보를 생각해보자. 응력장을 이용하여 구조거동(내부응력 분포)을 설명한 후 외부하중이 점차 분포하중으로 변하고 보의 세장함을 증가시킴을 알 수 있으며 이러한 세장함이, 변하는 단순보의 응력장을 구할 수 있다.

2.2.1 집중하중을 받는 깊은보

그림 2-1은 주어진 직사각형 철근콘크리트 깊은보의 치수와 극한상태 하중분포를 나타냈다. 유럽의 구조설계기준에 따라 보의 설계내력($f_{cd} = f_{cd}/\gamma_R$와 $f_{syd} = f_{sy}/\gamma_R$)은 유럽의 계수하중 Q_d 이하로 설계되어야 한다.

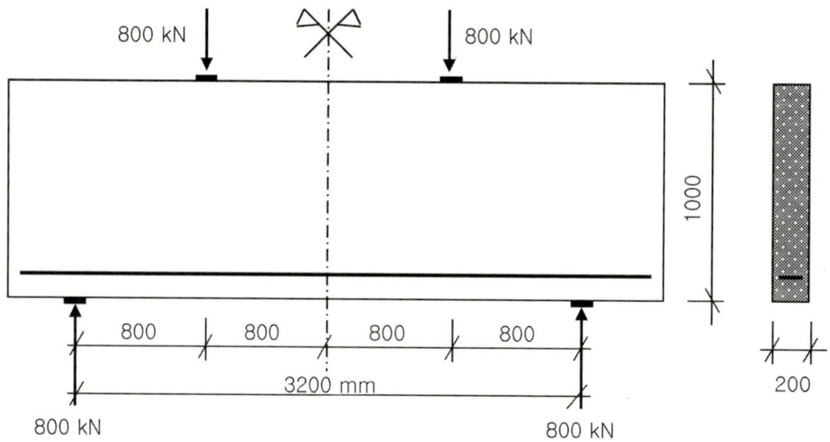

그림 2-1 깊은보의 치수와 하중분포

재료강도는 다음과 같다.

- 콘크리트 유효압축강도 $f_{cd} = 20\ \text{MPa}$
- 철근의 항복강도 $f_{sy} = 460\ \text{MPa}$

콘크리트의 유효압축강도는 기하학적 형태, 응력장의 형태, 철근에 의한 구속상태 등에 따라 변하므로 안전한 설계를 위하여 적절한 크기의 유효압축강도를 선택해야 한다. 세부사항은 3장의 참고자료에 언급된다.

내부의 응력분포는 직관적으로 구성할 수 있다. 지점에서 하중까지 거리가 매우 짧기 때문에 하중이 직접 전달되는 것(아치작용)으로 가정할 수 있다. 따라서 사실상 하중과 지점 사이에 압축력을 받는 스트럿이 형성된다. 그림 2-2는 평형을 위해 필요한 압축력, 인장력뿐만 아니라 콘크리트 스트럿의 최종 결과 위치까지 나타내고 있다.

수평 인장력은 철근에 의해 전달되는 반면 보 상부의 수평 압축력은 콘크리트를 통해 전달된다.

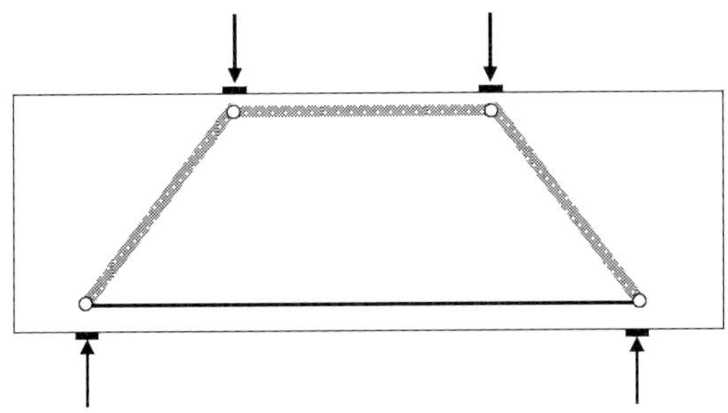

그림 2-2 아치작용, 내부응력

보 상부의 수평방향 압축력과 정역학적으로 동등하고 일정한 응력의 크기 f_{ce}를 가지는 일축 압축응력장(압축스트럿)이 존재한다. 이 응력장(압축스트럿)을 그림 2-3a에 도시하였는데 응력장의 팔길이는 가정한 값을 사용하였다.

그림 2-3a에서는 압축스트럿과 보의 윗면 사이에 무응력 영역이 존재하므로 응력장의 팔길이는 증가할 수 있다. 그래서 계산을 여러 번 반복한 후에 스트럿의 최적 위치를 결정할 수 있다. 그림 2-3b는 수정된 응력장을 보여주는데 이것은 최종 해가 될 수 있다. 보의 가운데 부분은 순수휨모멘트만 작용한다. 반복적인 계산에 의해 구해진 치수와 힘은 종전의 방법을 사용하여 분석적으로도 구할 수 있다.

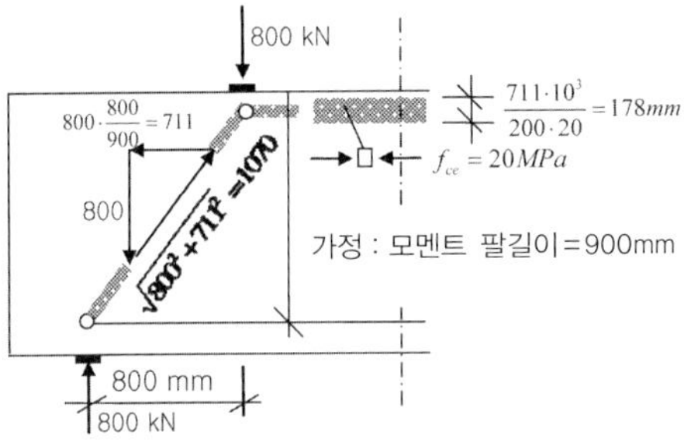

(a) 초기가정

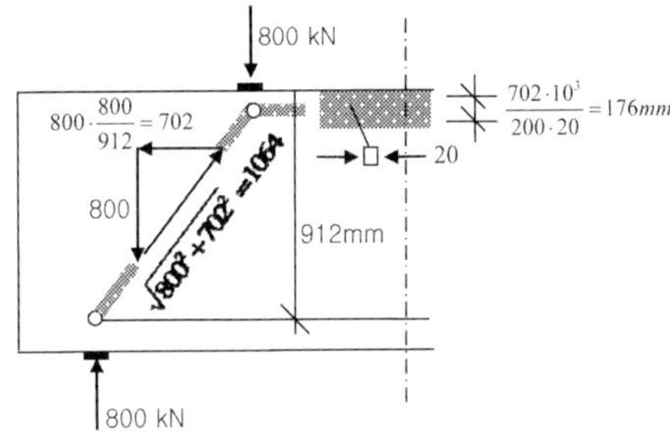

(b) 해석결과

그림 2-3 압축스트럿 형성

위에서 구한 것과 같이 스트럿이 일정한 크기의 응력을 가지는 해는 소성이론의 하한계이론에 의해 도출 가능한 해 중 하나일 뿐이다. 스트럿의 내부경계에서는 응력 상태가 불연속적이다. 이 불연속 지점에서 응력 크기는 f_{ce}에서 0으로 급격히 감소한다(그림 2-4a).

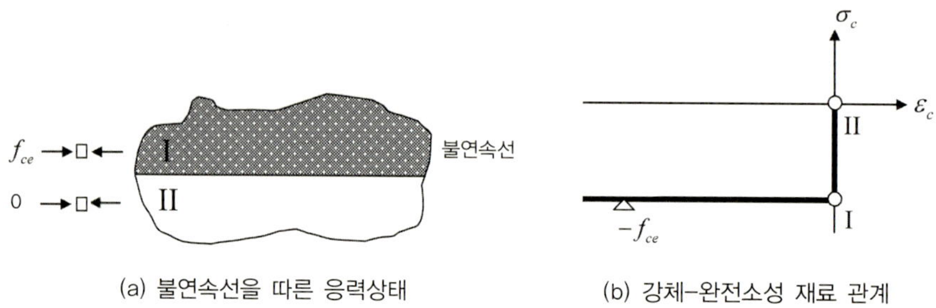

그림 2-4 응력 불연속선

이러한 응력의 불연속은 오직 강체-완전소성 재료(그림 2-4b)일 때만 허용 가능하지만 다른 응력분포를 사용한 해법도 가능하다(그림 2-5).

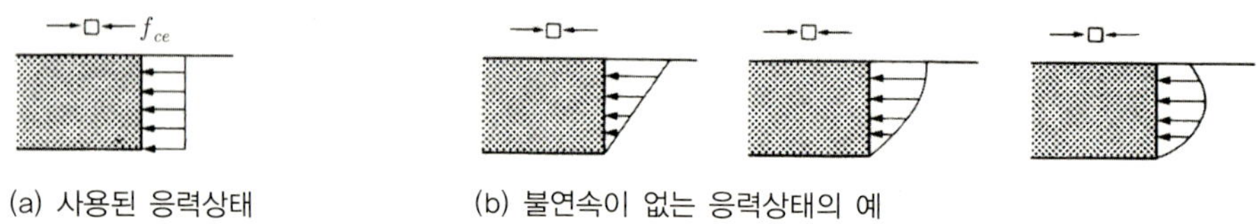

그림 2-5 압축 스트럿의 다른 응력분포

주철근의 단면적에 대해서 응력분포의 선택은 응력도의 합력 위치에 큰 영향을 주지 않는다. 따라서 가능하면 가장 간단한 응력분포를 선택하는 것이 좋다. 많은 양의 주근을 가지거나 상당히 큰 수직력을 가진 보인 경우, 그림 2-5b에 따라 응력분포를 선택하여야 하며, 4.4절에서 언급하고자 한다.

하중과 지점 사이의 응력상태를 묘사하기 위해 일정한 크기의 응력을 갖는 스트럿을 사용할 수 있다. 스트럿에 작용하는 힘을 콘크리트 유효압축강도와 보 두께로 나누면 스트럿의 폭이 구해진다(그림 2-6). 하중이 작용하는 지점과 지점에서의 유효 폭을 구할 때도 스트럿의 폭을 구할 때와 동일한 과정을 거친다.

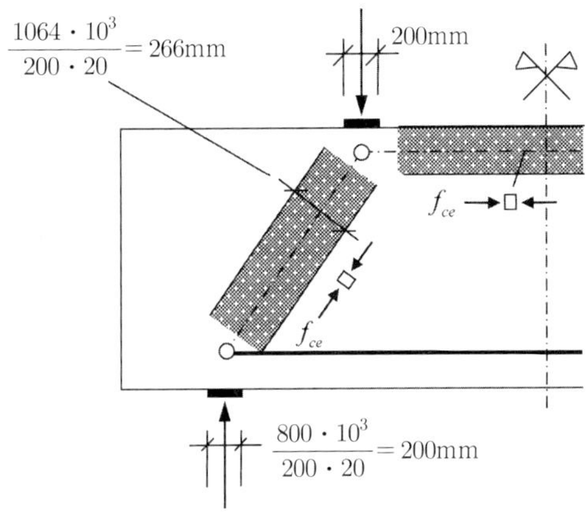

그림 2-6 압축 스트럿과 압축 경사부재

절점 영역 응력장의 형성을 그림 2-7에서 볼 수 있다. 그림을 통해 알 수 있는 것처럼 절점에서는 f_{ce}와 동일한 주응력의 2축 응력상태가 된다.

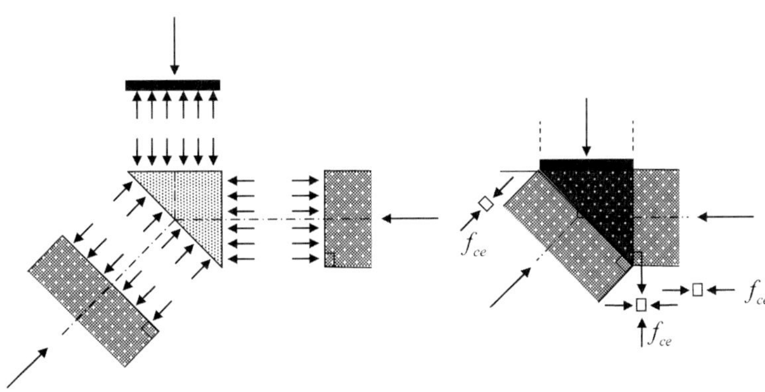

(a) 요소와 응력

(b) 절점

그림 2-7 절점의 응력장

2축 응력 절점영역을 같은 크기의 응력상태($\sigma_2 = \sigma_3$)로 가정하면 스트럿과 절점영역 사이에 있는 불연속선은 항상 스트럿의 방향과 직각을 이룬다. 지점 위에 있는 절점영역도 유사한 방법으로 생각할 수 있다(그림 2-8a).

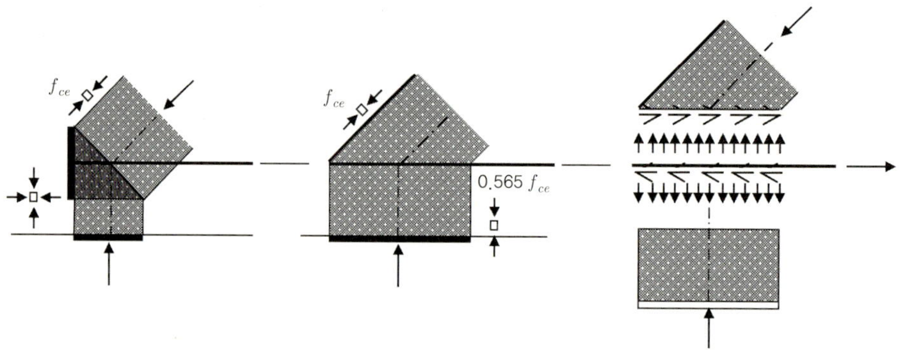

그림 2-8 지점에서의 절점

2축 응력 절점영역에서 응력의 상태는 대각선 스트럿의 압축력, 지점반력, 그리고 인장 타이에 작용하는 힘에 대하여 평형상태를 이룬다. 타이에 작용하는 힘과 지점반력 모두 그와 관련된 불연속 선상에 균일하게 분포된다. 이러한 응력장에 의하면 철근에 작용하는 힘은 지점의 왼쪽 면에 수직으로 작용해야 한다. 그림 2-8b는 대안으로 다른 해법을 나타낸 것이다. 지점영역에서 철근의 힘은 점진적으로 감소된다. 절점영역 이내에 철근의 힘이 콘크리트로 전달될 때만 응력장은 허용 가능하다(그림 2-8c). 지점면적이 증가하고 수직압축장에서 응력이 감소한다는 사실은 명확하다. 전체 보에 대한 응력장을 2가지 방법으로 표현하면 그림 2-9와 같다.

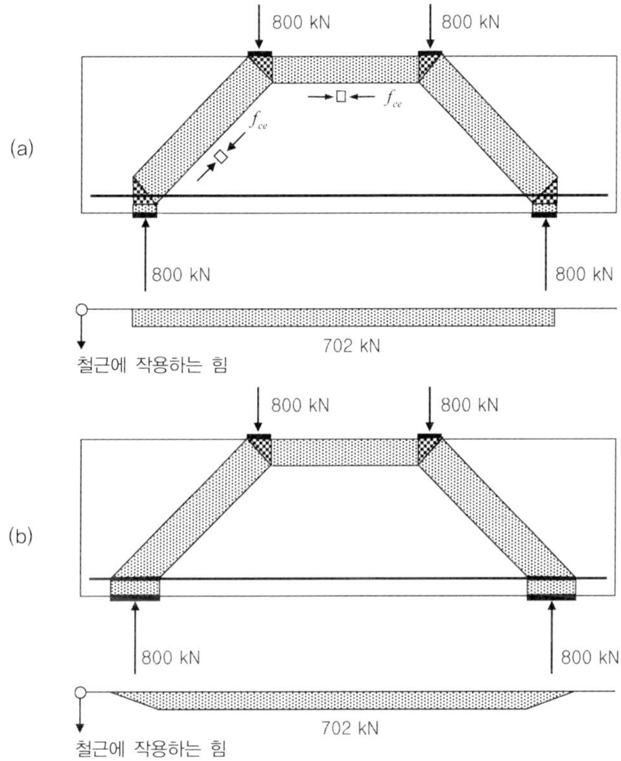

그림 2-9 응력장과 철근에 작용하는 힘

가능한 철근배근의 한 예가 그림 2-10a에 나타나 있는데, 주근은 지점 뒤로 정착된다. 스터럽과 루프 또는 정착판을 이용하여 지점 앞에서 철근이 직접 정착되는 방법이 그림 2-10b ~ 2-10d에 나타나 있다.

결과는 다음과 같이 요약될 수 있다.

- 비록 큰 전단력을 받는 보라고 하더라도 이론적으로 정역학적 관점에서 수직철근은 필요 없다.
- 철근에서 힘의 분포는 모멘트의 분포와 일치하지 않으며, 보의 전길이에 걸쳐 일정하다. 그 결과 철근에 작용하는 전체 힘은 지지점의 절점 안에서 작용하고 정착되어야 한다.

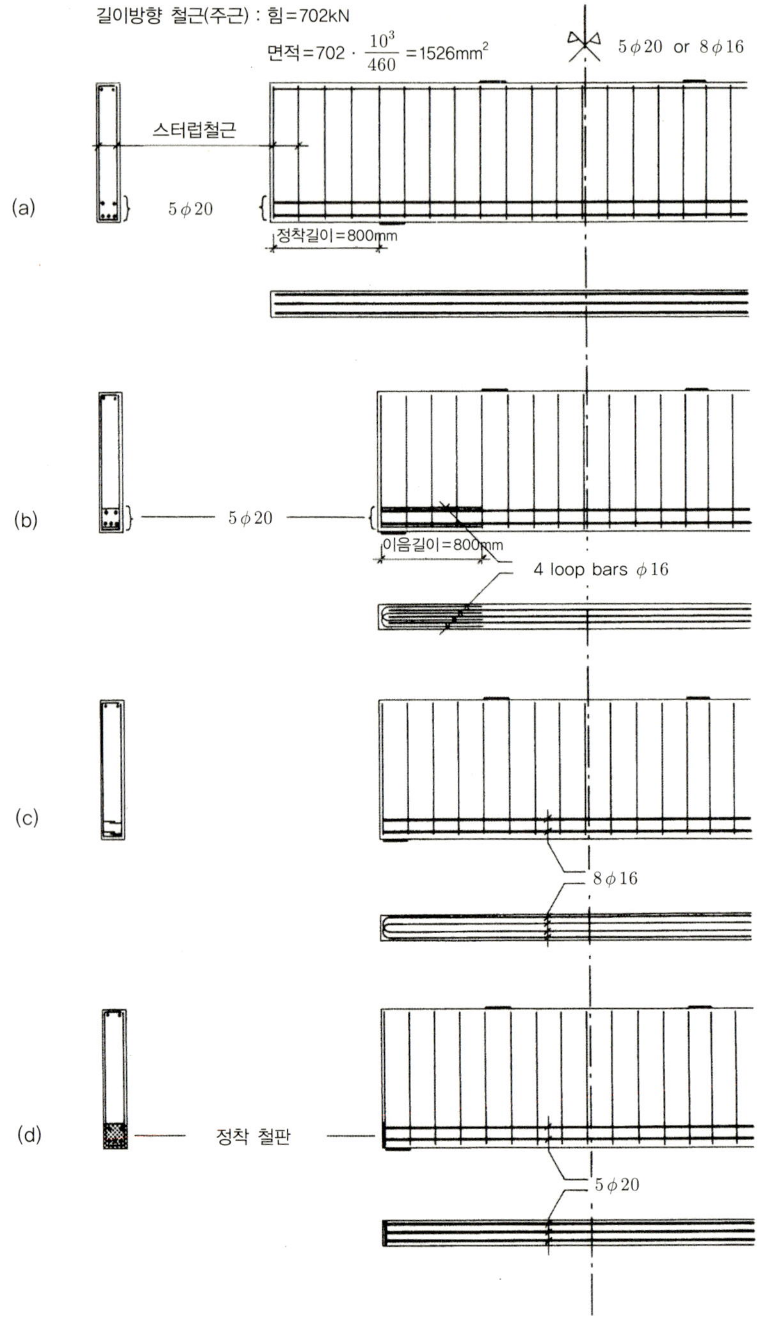
길이방향 철근(주근) : 힘=702kN
면적=702 · $\frac{10^3}{460}$ =1526mm^2
5φ20 or 8φ16
스터럽철근
(a)
5φ20
정착길이=800mm
(b)
5φ20
이음길이=800mm
4 loop bars φ16
(c)
8φ16
(d)
정착 철판
5φ20

그림 2-10 철구 상세

실제로 철근콘크리트구조물의 설계를 고려하려면 응력장은 모든 요소에서 양적으로 형성될 필요가 없고, 효율적인 설계를 위해서 철근 위치와 단면적 결정, 그리고 위험영역에서 응력검토는 물론 세부항목을 산출하기 위해 응력장의 정성적인 스케치가 필요하다. 결국 응력장의 스케치를 통해 적절한 내부 응력분포를 구할 수 있다.

2.2.2. 다수의 집중하중을 받는 깊은보

앞에서 사용한 철근콘크리트 보를 여기에서도 다루자. 두 개의 800kN 하중은 똑같은 크기의 8개 하중으로 나누어진 경우를 생각한다.

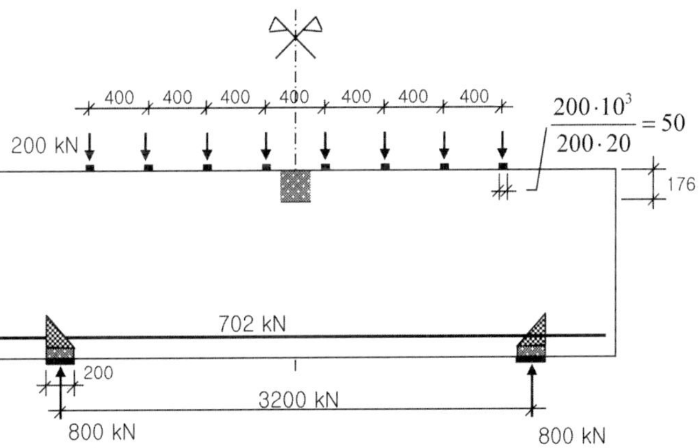

그림 2-11 보와 하중

전체 하중의 크기가 변하지 않았기 때문에 보의 가운데 위치에 있는 수평스트럿의 치수와 철근에 작용하는 힘은 앞서 다룬 예제와 동일한 값으로 가정하자(그림 2-11).

스트럿은 연속적으로 형성된다. 첫 번째 스트럿의 형성은 그림 2-12a에 나타나 있고, 전체 응력장은 그림 2-12b에 나타나 있다. 그리고 전체 응력장을 크레모나 도해법으로 표현한 결과는 그림 2-12c와 같다.

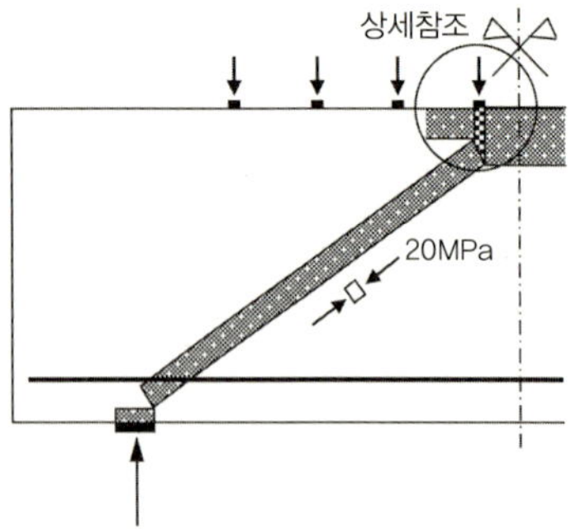

(a) 첫 경사부재

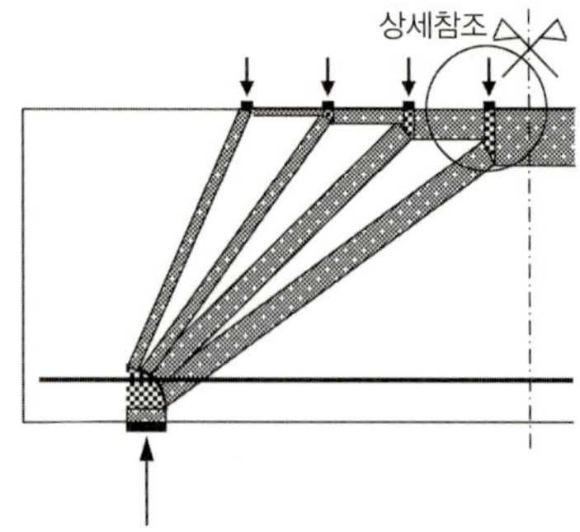

(b) 응력장

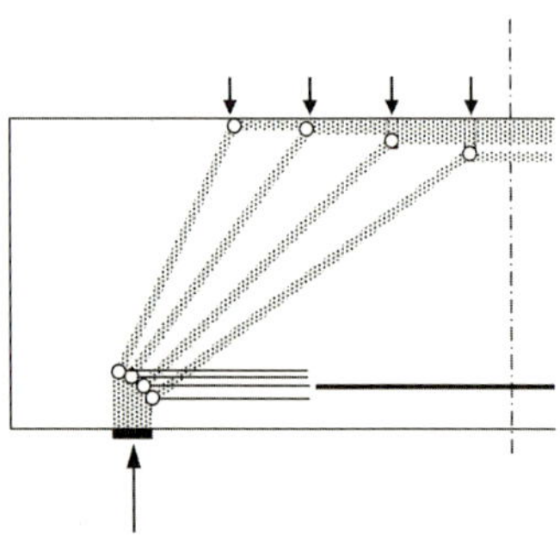

(c) 합력과 크레모나 힘(Cremona force)

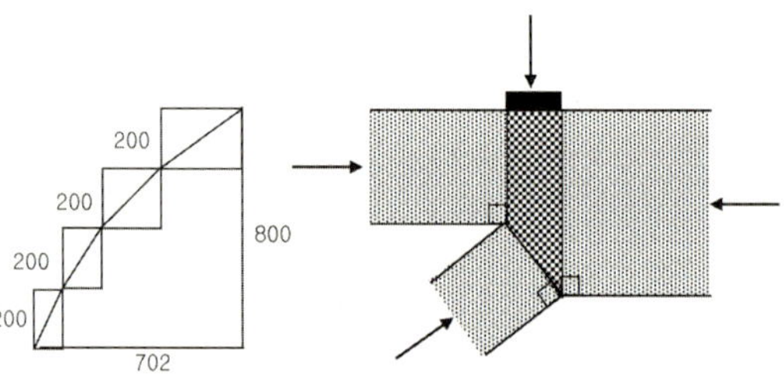

(d) 상세

그림 2-12 응력장의 형성

2.2.3 분포하중을 받는 깊은보

이번 예제에서 다루는 보의 치수 및 재료의 속성 역시 앞의 예제에서 다룬 것과 동일하다. 500kN/m의 등분포로 극한하중이 스팬의 전 구간에 작용한다.

500kN/m의 등분포하중은 2개의 집중하중이 작용하는 경우인 첫 번째 예제(그림2-1)와 똑같은 결과를 도출하기 때문에 보 중앙의 수평스트럿 치수와 철근에 작용하는 힘은 2.2.1절의 예제에서 계산된 값과 동일한 값을 가진다.

하나의 하중이 무한개의 집중하중으로 대체되었다는 점에서 응력장은 2.2.2절의 예제와 비슷한 방법으로 형성된다(그림 2-13).

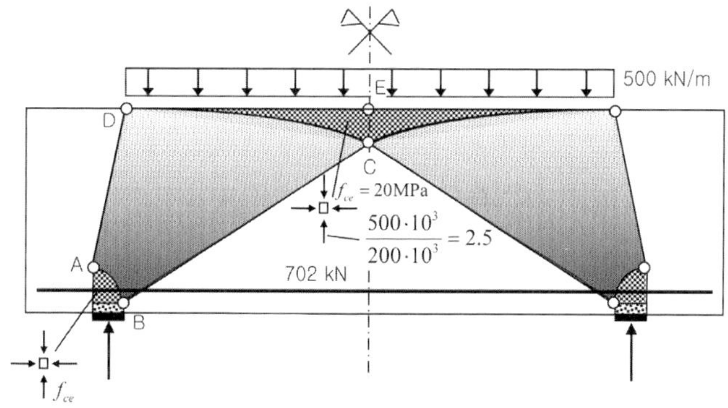

그림 2-13 응력장

ABCD는 부채모양의 응력장으로 부채꼴 모양 압축장이라고 불린다. 응력 크기는 불연속선 AB에서 f_{ce}를 갖고, 반경방향으로 쌍곡선의 형태로 감소한다. CDE영역에서는 2축 응력상태가 존재한다. 불연속선 AB와 CD가 포물선 모양으로 나타나 있다. 그러나 이러한 선의 형태는 실제 설계에서 중요한 의미를 가지지 않는다.

2.2.4 집중하중을 받는 중간보

2.2.1절에서 2.2.3절까지 사용된 것과 단면적은 같고 스팬길이는 2배인 보가 고려된다.

하중은 여전히 800kN(극한상태)이고 양쪽 지점으로부터 스팬의 1/4 지점에 작용한다. 2.2.1절에서 형성된 응력장 역시 사용할 수 있다(그림 2-14).

수평방향의 양측 스트럿 깊이는 400mm이고 대각선 스트럿의 기울기는 26.6°이다.

이러한 응력장은 특정한 조건하에서만 형성될 수 있다는 사실이 실험적 연구를 통해 확인되었다. 만약 보강되지 않은 압축스트럿이 확장된 길이에 걸쳐 인장응력의 철근 가까이에 있다면, 즉 압축스트럿과 인장응력을 받는 철근이 상대적으로 작은 각도로 교차한다면 콘크리트에서 힘의 전달이 어려워질 수 있는데 이와 관련된 내용은 3장과 4장에서 다룬다.

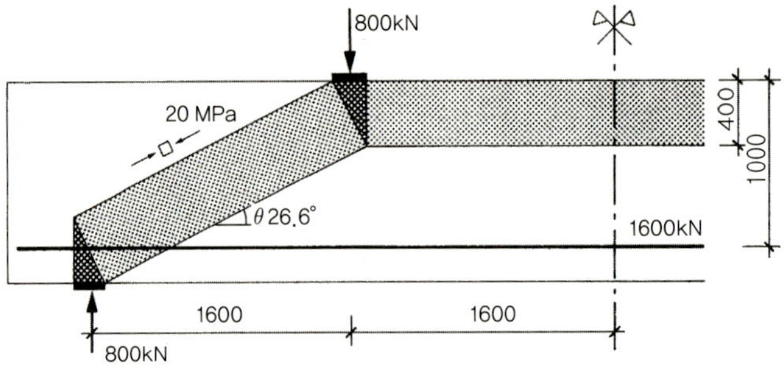

그림 2-14 지점의 응력장

그래서 더 큰 각도로 기울어진 스트럿을 갖는 대안의 해법을 제시한다. 그림 2-15는 스트럿과 철근이 작은 각도로 교차할 때 발생하는 문제가 2개의 구조시스템 조합을 통해 어떻게 해결하는지를 보여준다.

시스템 I 의 반력은 보의 상하부에서 잘 정착되어야 하는 수직스터럽에 의해 시스템 II 에 하중으로 작용한다. 시스템 II 의 응력장은 2.2.3절에서 얻어진 것을 사용할 수 있다(동일한 하중과 치수).

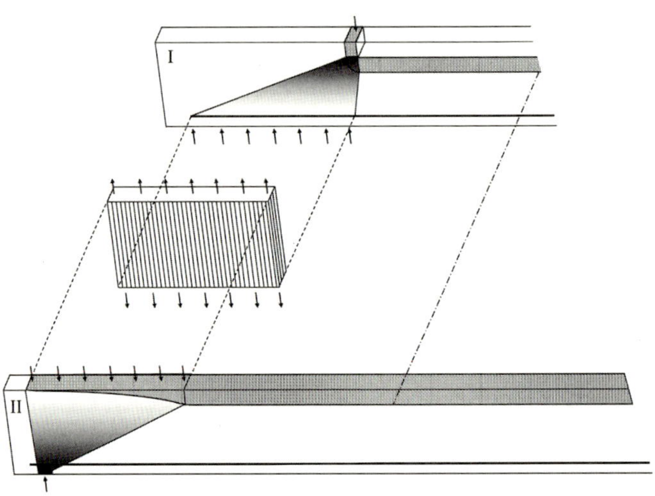

그림 2-15 2개의 응력장 요소의 조합

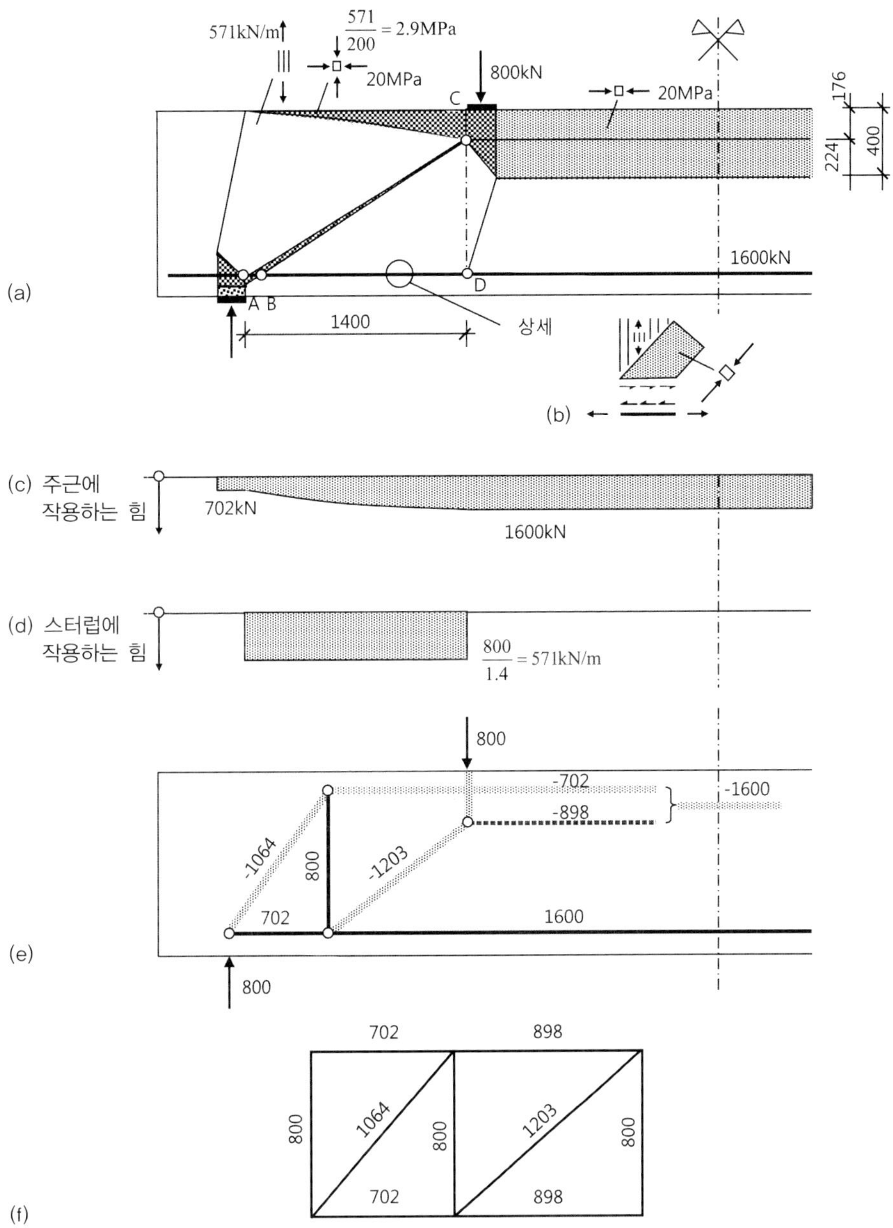

그림 2-16 간접지점(indirect support)의 응력장 주근과 스터럽에 작용하는 힘

시스템Ⅰ을 형성할 때 지점반력이 분포되어야 한다는 사실이 반드시 고려되어야 한다. 부채꼴 응력의 수직성분은 스터럽의 하단부에서 지지된다. 부채꼴 형태 응력의 수평성분은 부착응력을 통해 주근까지 전달된다. 스터럽에서 힘의 분포가 일정하다고 가정함에도 불구하고 부채꼴 압축장에서 주응력의 방향이 변하기 때문에 주근에서 힘은 비선형적으로 변화한다. 시스템Ⅰ의 위쪽 영역은 시스템Ⅱ를 위해 사용되기 때문에 시스템Ⅰ에서 보의 깊이 전체가 유효한 것은 아니다. 보의 가운데에서 철근의 전체 힘뿐만 아니라 수평스트럿의 전체 두께는 그림 2-14와 같이 동일하다.

모든 치수와 힘이 표기된 완전한 응력장은 그림 2-16에 나타내었다.

스터럽 :

단위길이당 힘 $= 571\dfrac{\text{kN}}{\text{m}}$, 단위길이당 면적 $= 1241\dfrac{\text{mm}^2}{\text{m}} \rightarrow$ D10, s = 125mm

A지점의 주근 :

힘 = 702kN, 면적 $= 702 \cdot \dfrac{10^3}{460} = 1526\text{mm}^2 \rightarrow$ 3D26

B지점의 주근 :

힘 = 1600kN, 면적 $= 1600 \cdot \dfrac{10^3}{460} = 3478\text{mm}^2 \rightarrow$ 7D26

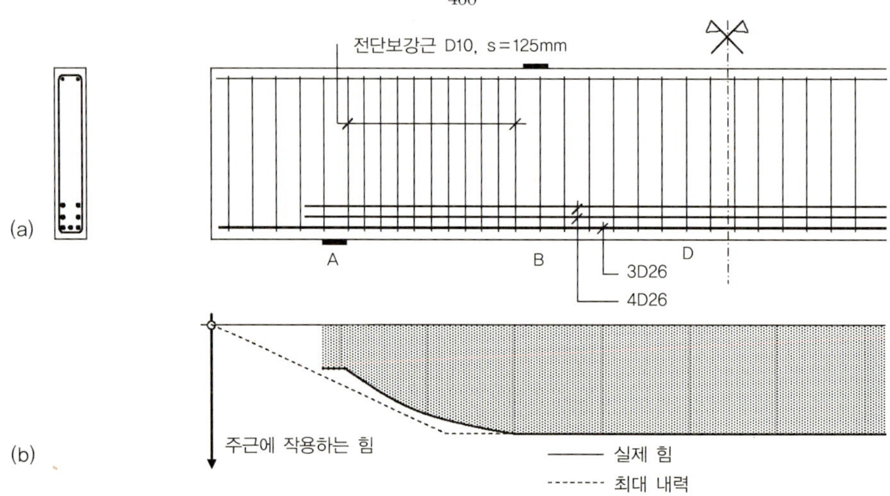

그림 2-17 철근 배근과 주근에 작용하는 힘

그림 2-17a에서 가능한 철근의 배근을 볼 수 있다. 하부에 있는 길이방향의 3개의 철근은 지점반력을 전달하는데 그것은 지점 뒤에 정착되어야 한다. 4개의 측면 철근에는 부착응력에 의해 연속적으로 부채꼴 형태 응력의 수평성분이 작용한다. 그림 2-17b는 주근에 작용되는 실제 힘과 최대 내력의 비교를 나타낸다. 주근응력의 변화율이 철근의 부착강도와 같다고 가정함으로써 내력을 쉽게 설계할 수 있다. 그림 2-17b로부터 4개의 길이방향 철근은 지지점보다 뒤까지 정착될 필요가 없다는 것이 명백하다.

그림 2-16a로부터 ABC영역에서 항복조건($|\sigma| > f_{ce}$)을 사소하게 위반하는 두 개의 부채꼴 응력장이 서로 중첩된다는 것은 명백하다. 비록 이 해가 실용적으로는 적절하다고 할지라도, 간섭영역이 없는 추가적인 응력장이 형성된다(ABC). 스터럽은 길이 BD 구간에 걸쳐 분포되는데, 이것으로 인해 응력장도 합력이 이동하게 된다. 그로 인해 C의 위치는 바뀌게 되고, 따라서 B의 위치 역시 바뀐다. 이것의 반복적인 과정이 필요하다. 최종 응력장은 그림 2-18에 나타나 있다.

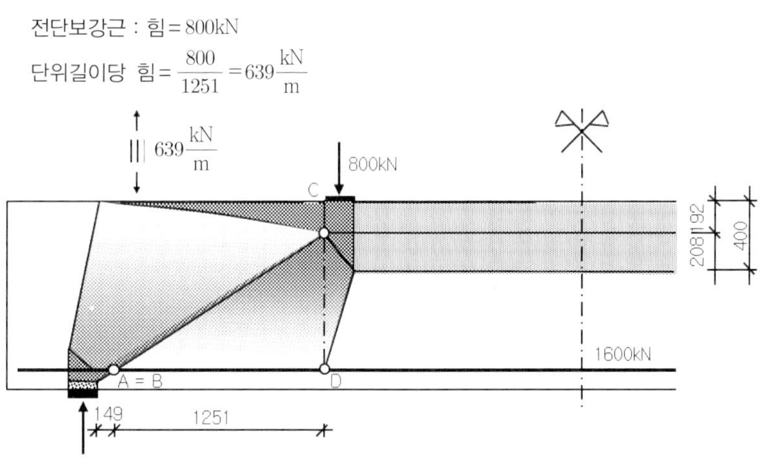

그림 2-18 응력장

그림 2-8b의 철근 부착응력을 사용하고, 지점에서 부채꼴 응력의 수평성분을 이용하여 두 개의 부채꼴 응력 중첩문제는 해결된다.

2.3 휨과 전단력이 작용하는 I형 단면의 보

2.3.1 집중하중을 받는 얕은 보

앞에서 다루었던 보(그림 2-14)의 스팬을 2배로 하였으나, 높이와 재료강도, 그리고 하중의 크기를 변화시키지 않았다. 내부 응력장의 팔길이 변화와 별도로 수평스트럿에 작용하는 힘은 세장함에 비례하여 증가한다. 앞선 예에서 이미 정역학적 높이인 압축대의 깊이가 보깊이의 40%를 사용하였기 때문에 이 영역에서 보폭을 증가시킴으로써 단면적을 확대해야 한다. 압축력과 마찬가지로 길이방향 철근에 작용하는 힘도 역시 증가한다. 소요철근 단면적의 증가로 인한 배근상세의 문제를 해결하기 위해 인장측의 보폭 또한 확대되어야 한다(그림 2-19a).

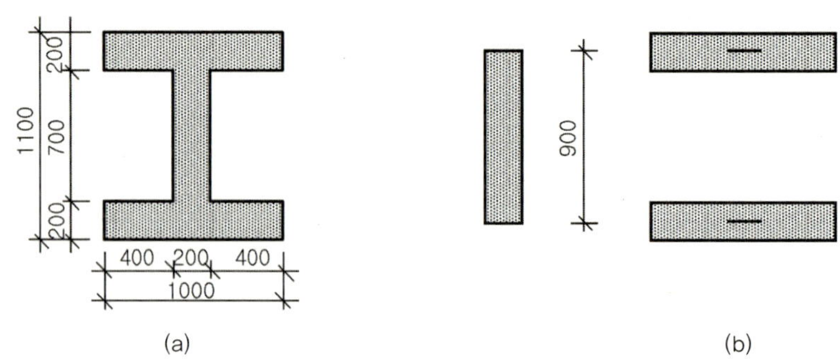

그림 2-19 (a) 단면, (b) 웨브 및 압축과 인장플랜지

수평방향의 휨모멘트로 생성된 압축응력도의 합력과 인장응력도의 합력은 2개의 플랜지 단면의 도심에 작용한다고 가정한다. 따라서 보는 3부분으로 나누어진다(그림 2-19b). 두 개의 플랜지는 2.3.5절과 2.3.6절에서 언급하겠다.

웨브의 응력을 묘사하는 응력장은 그림 2-15와 유사한 방법으로 형성된다. 증가된 보의 세장비 때문에 2개가 아닌 3개의 시스템을 조합하여야 대각선 압축장의 기울기가 너무 작아지는 것을 방지할 수 있다(그림 2-20).

3개 구조시스템의 정역학적 높이(팔의 길이)가 변하지 않고 일정하게 유지된다는 사실에 유의해야 한다. 수평압축력은 압축플랜지 내에서 전달된다.

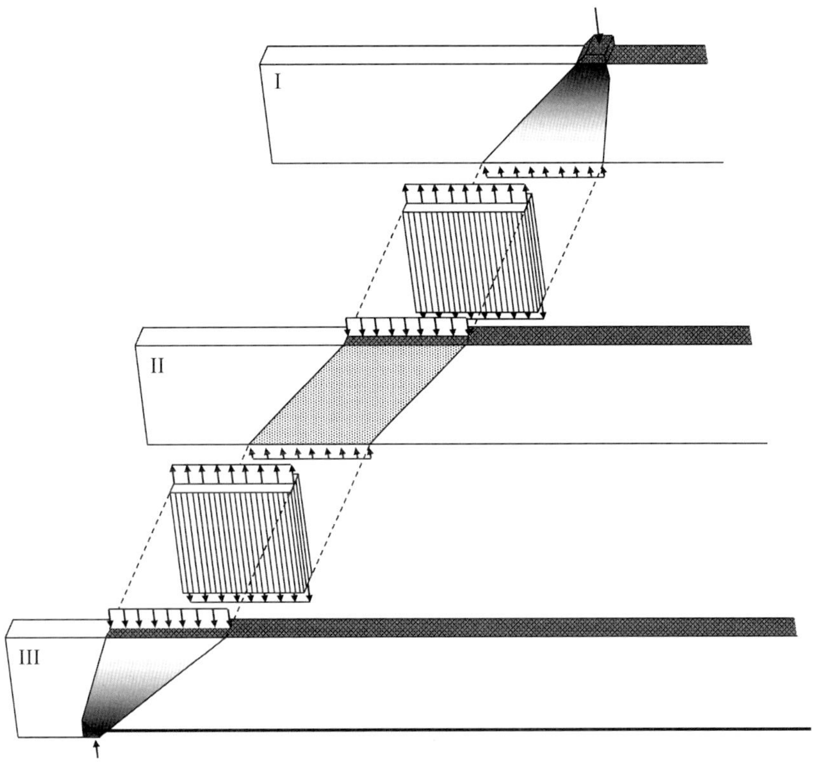

그림 2-20 3개의 구조시스템 조합

그림 2-21은 3개의 구조시스템을 중첩하여 얻어진 새로운 응력장을 보여준다. 콘크리트의 응력장은 2개의 부채꼴 응력장과 중간에 있는 경사압축장으로 구성된다. 이 스트럿에서 응력은 합력을 폭과 두께로 나눔으로써 구해진다. 그림 2-16과 유사하게 서로 다른 영역에서 약간의 간섭은 있지만 이는 실제 설계에서는 중요하지 않다. 이 문제는 그림 2-18에 언급된 것처럼 해결될 수 있다. 2개의 플랜지 응력장을 결정한 후 철근을 배근한다.

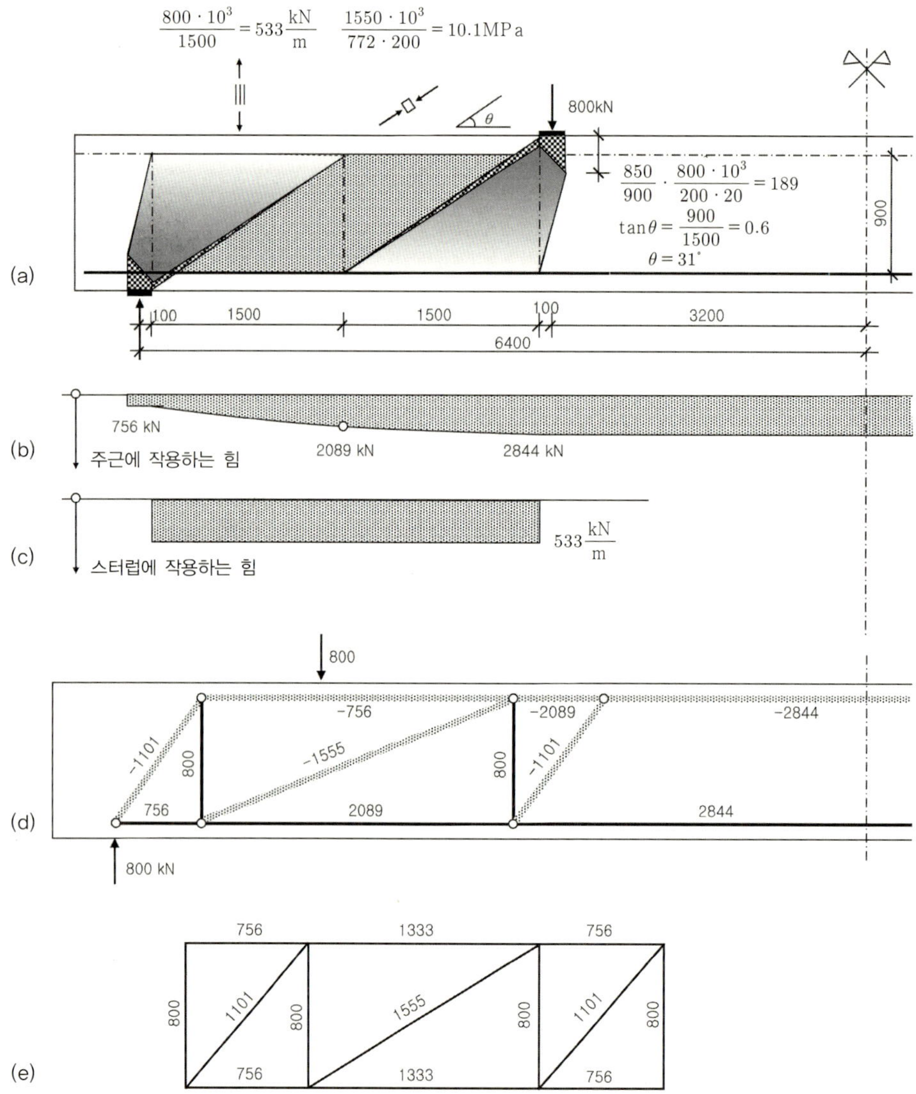

그림 2-21 응력장, 철근에 작용하는 힘, 응력장의 합력, 힘의 합력도

대안 해법으로써 그림 2-22와 같이 3중의 수직 타이를 가지는 응력장(4개 구조시스템의 조합)이 구해지는데, 이것은 경사 스트럿의 기울기를 변화시킨다.

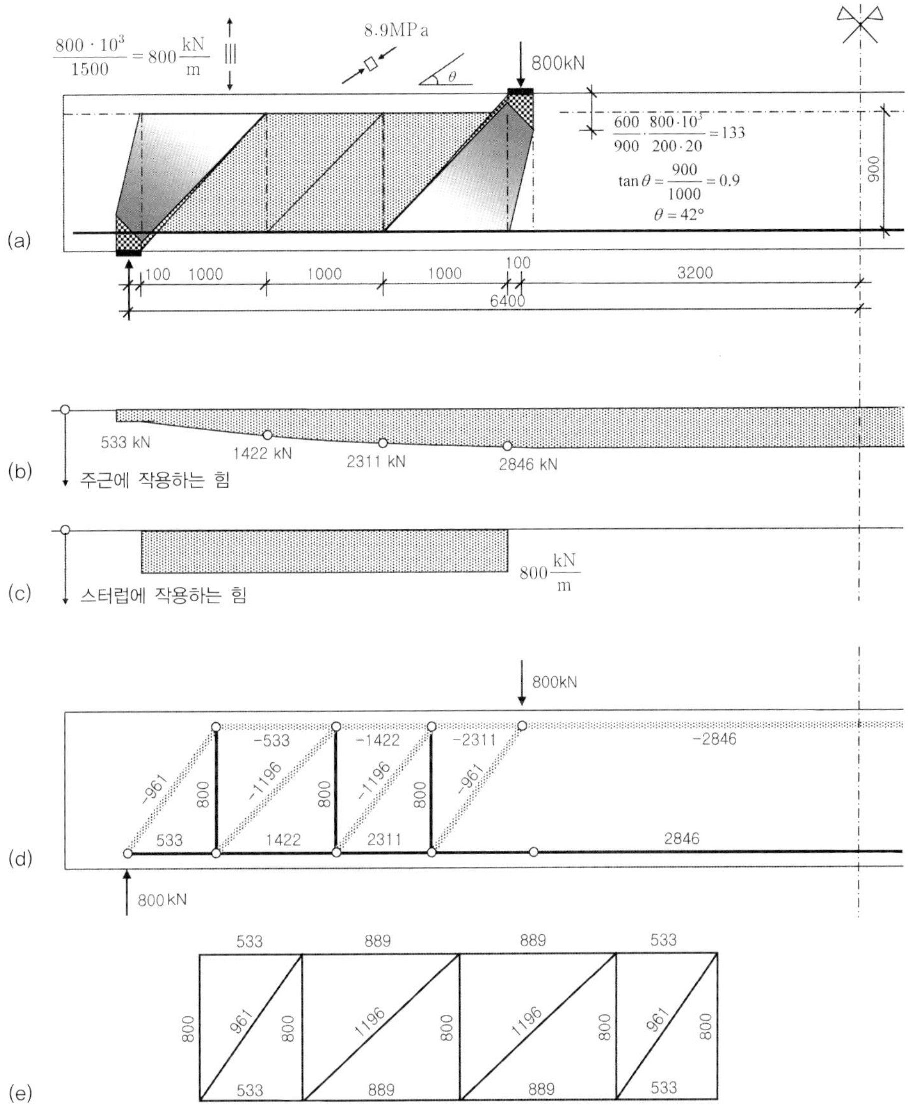

$$\frac{800 \cdot 10^3}{1500} = 800\frac{\text{kN}}{\text{m}}$$

$$\frac{600}{900} \cdot \frac{800 \cdot 10^3}{200 \cdot 20} = 133$$

$$800\frac{\text{kN}}{\text{m}}$$

그림 2-22 응력장, 철근에 작용하는 힘, 응력장의 합력, 힘의 합력도

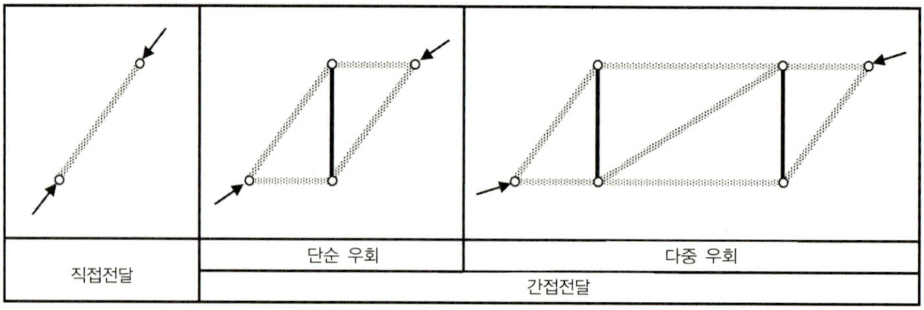

그림 2-23 압축력의 직접전달과 간접전달 방법

응력장의 형태는 부재의 세장비에 따라 그림 2-23과 같이 3가지로 구분된다.

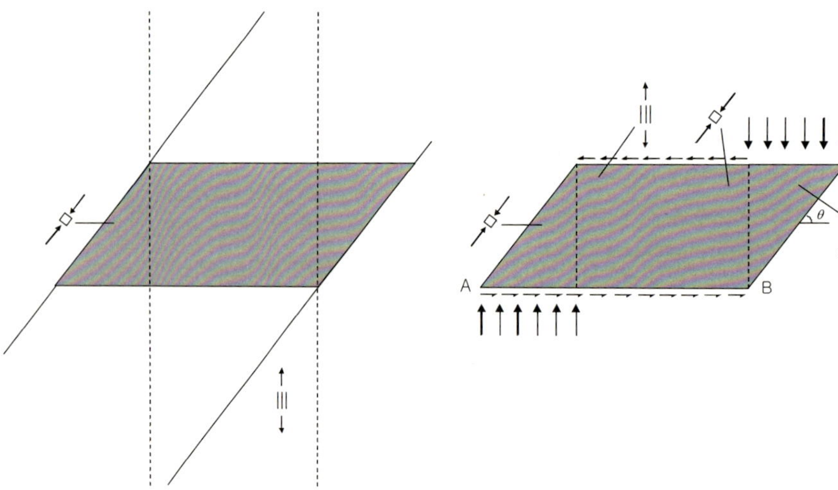

그림 2-24 두 응력장의 중첩으로 인한 웨브의 응력상태

응력장의 중앙 부분에서 수직방향의 평형상태는 2개의 응력장을 중첩시킴으로써 이루어진다(그림 2-24). 대각선 압축장의 수직성분은 스터럽의 힘에 의해 평형상태를 유지하고, 위와 아래 경계지점에서 플랜지로 전달된다.

그림 2-24의 압축응력장은 기울기 θ와 구간 A-B의 길이와는 상관없이 구성할 수 있다. 그림 2-25에서 압축응력장의 기울기를 $\tan\theta = 0.75$로 설정하여 구성한 대략적인 응력장이다.

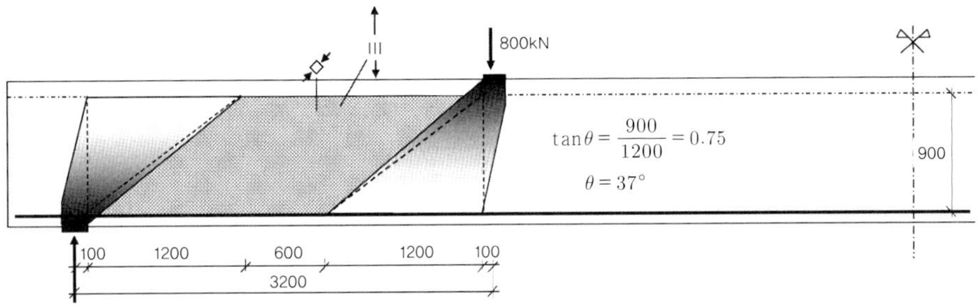

그림 2-25 응력장

앞서 소개한 여러 종류의 압축응력장을 이용하는 경우 합력을 더 이상 간단한 방식으로 표현할 수 없다. 단지 실용적인 설계 목적을 위해서 평형조건만을 이용하여 내부응력을 그림 2-26과 같이 산정할 수 있다.

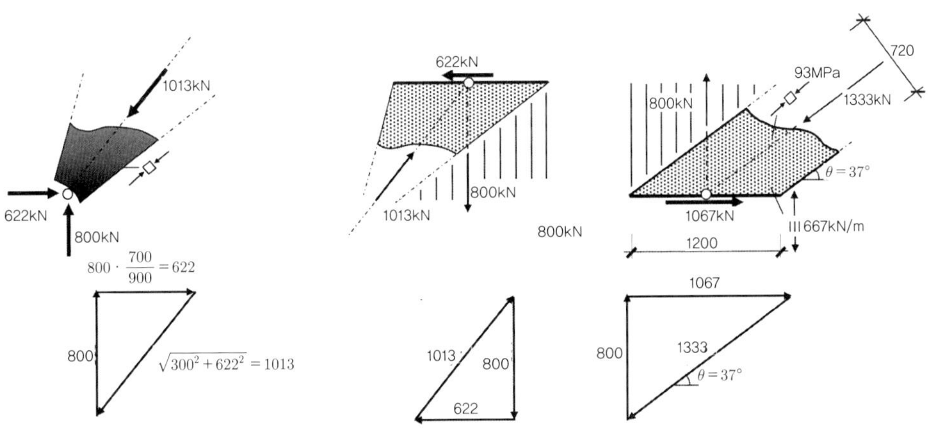

그림 2-26 불연속선에서의 평형조건

앞에서 설명한 3가지 예로부터 알 수 있는 것은 압축응력장 기울기 θ의 크기가 응력의 크기에 영향을 준다는 것이다. 3가지 예의 결과는 그림 2-27에서 정리하였다.

만약 압축장의 기울기를 증가시키면 길이방향 인장타이의 응력은 감소하고 수직방향 인장타이의 인장력은 증가한다. 극한상태의 응력분포 선정은 부정정구조물의 사용하중상태의 탄성거동에 영향을 미치며, 4장에서 자세히 다루기로 한다.

	θ	주근에 작용하는 힘	스터럽에 작용하는 힘	경사압축장에 작용되는 콘크리트 응력
Example 1	31°	756/kN	533kN/m	10.1MPa
Example 2	37°	622/kN	667kN/m	9.3MPa
Example 3	42°	533/kN	800kN/m	8.9MPa

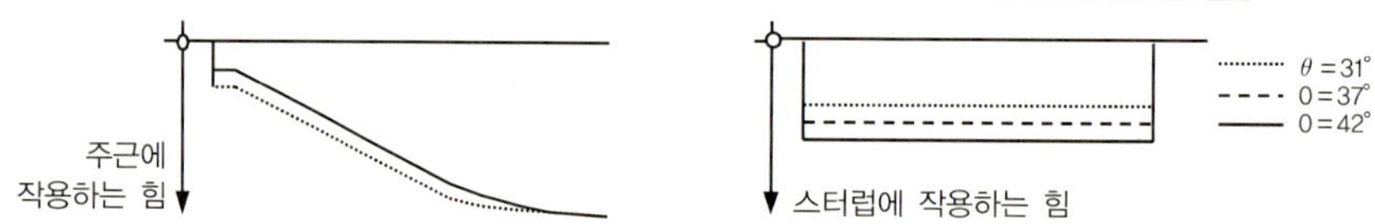

그림 2-27 압축장의 경사도에 따른 내부응력변화

구조시스템의 사용성을 고려한 압축응력장의 경사도 선정은(작용하중부터 극한 하중상태까지의 가능한 내력 재분배 값 중 가장 작은 값) 몇 가지 변수(잔류응력상태, 가능한 프리스트레스 또는 법선응력, 철근량, 압축플랜지 강성 등)의 크기에 따라 달라진다. 그러나 이러한 변수들의 구체적이고 직접적인 효과를 구분하기는 사실상 어렵다. 모든 것을 고려한 결과를 비교하면 크게 차이나지 않는다. 특히 사용성 한계를 확인하는데 눈에 띌 만큼 큰 영향을 주지는 않지만 크거나 또는 매우 작은 압축장의 기울기를 선정하는 것은 가급적 피해야 한다. 구체적으로 이에 대한 문제는 4.1장에서 다루기로 하고, 현재 구조설계기준에서는 주요변수에 대해 주어진 범위에서 자유로운 선택이 가능하다.

압축응력장 기울기는 콘크리트의 응력도 크기에 영향을 주는 것을 그림 2-27에서 알 수 있다. 보의 웨브에 작용하는 압축응력의 크기가 콘크리트의 유효강도를 초과하지 않는 범위에서 θ를 선택하여야 한다. 이 경우 유효압축강도 f_{ce}는 공시체 강도보다 작은 값이어야 한다. 웨브 부분에서의 변형상태(철근의 신장에 의한 변형)와 철근과 콘크리트의 관계에 의해 콘크리트 유효압축강도는 공시체강도보다 작아지게 된다. 이러한 영향은 3장 후반부에서 언급하겠다.

2.3.2 분포하중을 받는 얕은 보

2.3.1절에서 언급했던 동일한 치수를 가진 보에 집중하중 800kN 2개가 작용하는 대신에 보길이에 걸쳐 분포하중 125kN/m이 작용한다고 하자.

그림 2-22a에서 내부응력상태를 압축장으로 표현하면, 그림 2-28과 같이 경사압축장의 응력도 크기와 길이방향 인장타이의 응력이 계단식의 형태로 변화한다.

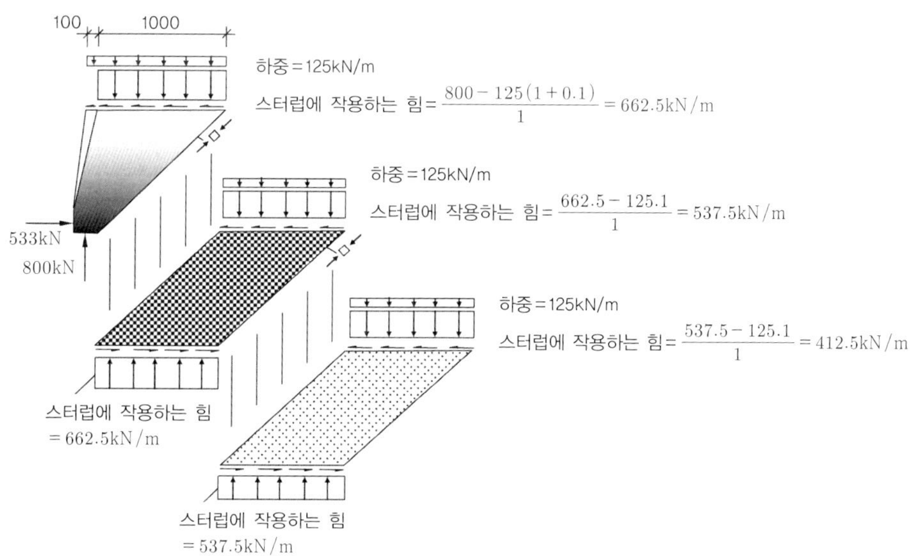

그림 2-28 응력장의 응력상태

그림 2-29에서는 압축장, 인장타이, 응력장의 합력, 그리고 힘의 합력도를 보여준다. 지점에 위치한 지지판과 부채꼴형 응력장의 상부 가장자리에 작용하는 힘(12.5kN)은 직접적으로 알 수 있다. 따라서 이러한 구역의 왼편에서 더해지는 작은

부채꼴형 응력장의 값은 실제로 설계에서는 중요하지 않다.

각 경우에서 압축장의 기울기는 보의 전체길이에 따라 다르다. 그림 2-30은 일반적인 해를 보여준다.

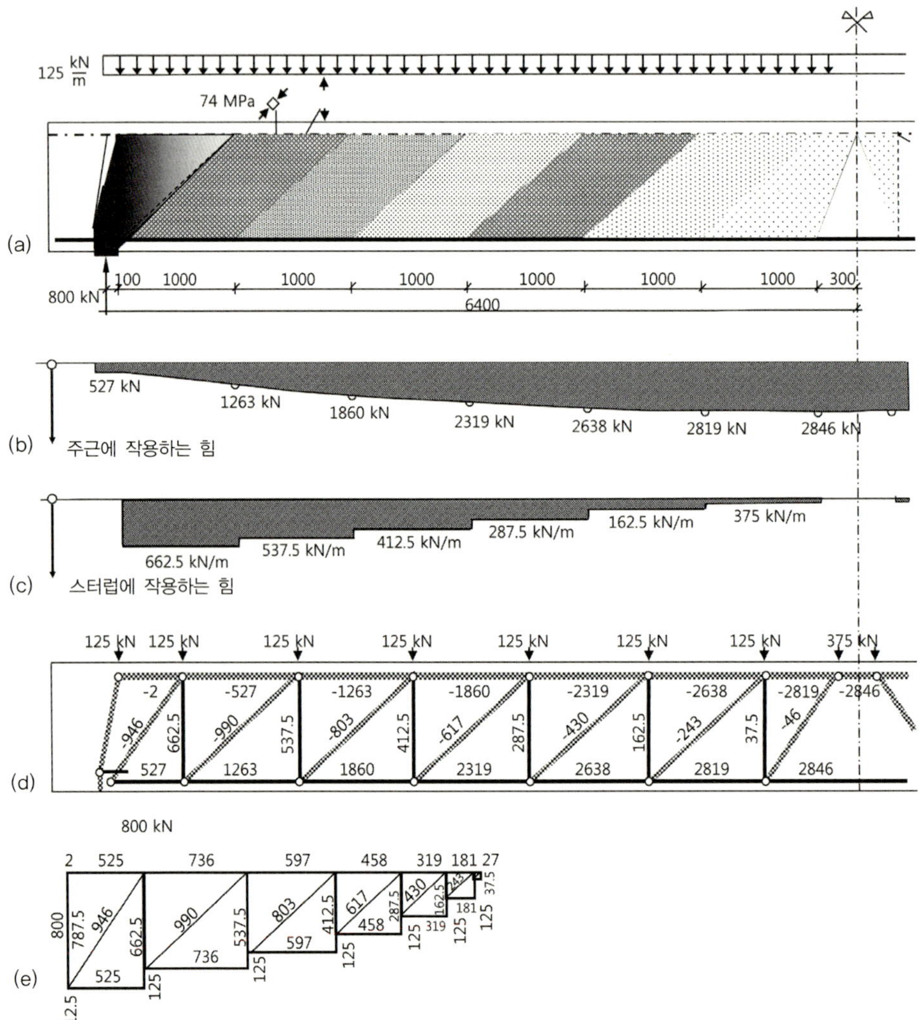

그림 2-29 응력장, 인장타이의 응력크기, 응력장과 힘의 합력도

완전한 해를 위한 보강철근의 배근과 플랜지의 응력은 2.3.5절과 2.3.6절에서 다루겠다.

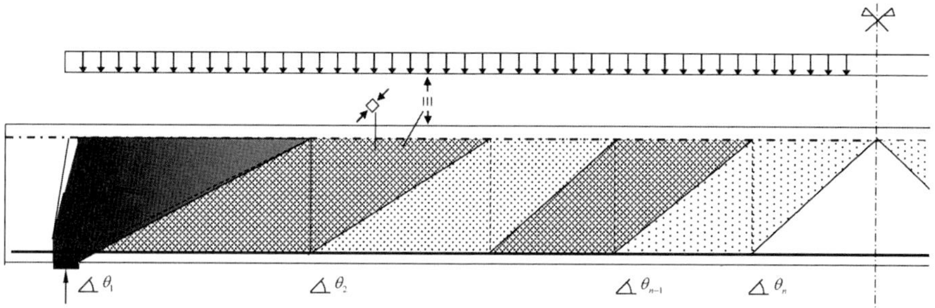

그림 2-30 다양한 압축장의 기울기를 가진 응력장

2.3.3 실용적 설계를 위한 일반적인 경우

그림 2-31은 극한상태에서 다양한 하중이 작용하는 보를 나타낸다. 압축플랜지와 인장플랜지에 작용하는 합력이 각각 플랜지 중심에 위치한다는 가정에서 보 유효춤이 결정된다.

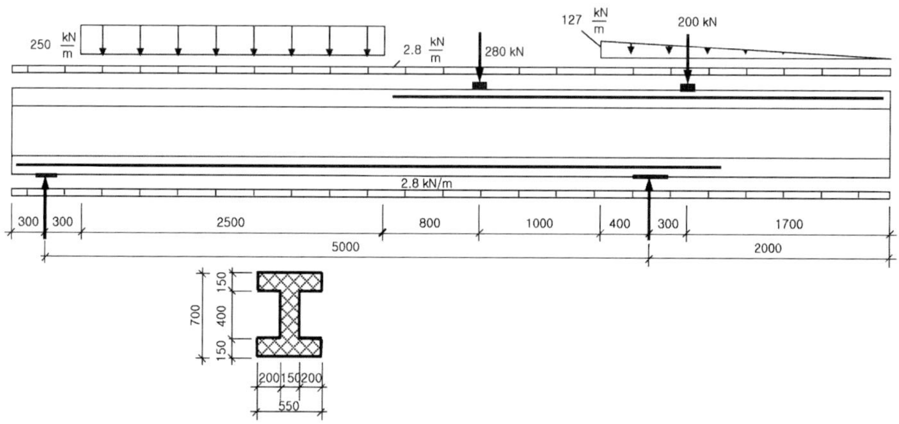

그림 2-31 보 단면과 하중상태

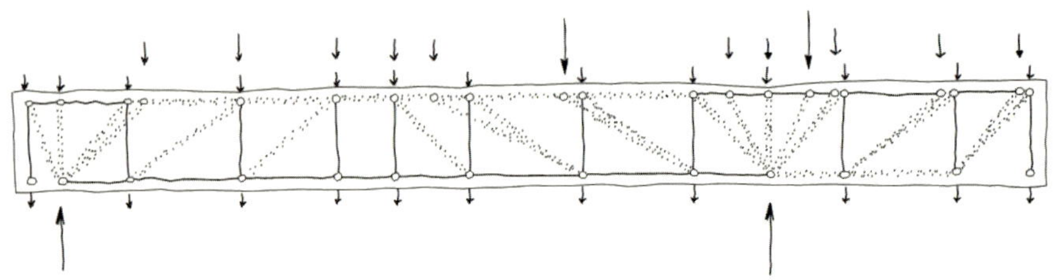

그림 2-32 응력장과 내부 힘의 합력 스케치

응력장은 이미 소개한 여러 종류의 경사 압축응력장, 스트럿, 부채꼴형 압축장, 그리고 인장타이를 조합하여 구성한다(그림 2-32). 이때 다음의 사항들이 고려된다.

- 전단력이 0인 위치에서 경사 압축장의 기울기는 수직 인장타이의 작용력을 고려하여 변한다. 앞선 예제에서 기울기가 0인 점은 스팬 중앙에 위치하는데 기하학적인 특성과 하중을 고려하여 대칭을 이루기 때문이다.
- 캔틸레버 부분에 작용하는 집중하중 200kN은 지지점까지 거리가 짧기 때문에 하중이 모두 직접 전달된다. 반면 하중의 지지스팬 내에서 작용하는 집중하중은 간접 전달된다. 집중하중의 분산은 응력장에 수직 인장타이의 인장력을 통해 그림 2-33에서와 같이 일정하게 되어 부채꼴 형태로 퍼진다.
- 다양한 하중이 작용하는 캔틸레버 부분에서 유사한 방법으로 같은 간격의 수직 인장타이를 설치하여도 된다.
- 고정하중 5.6kN/m는 상부 플랜지와 하부 플랜지에 각각 1/2씩 배분된다.

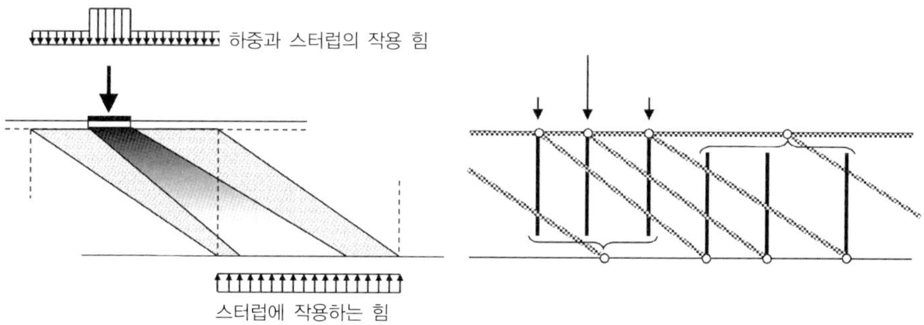

그림 2-33 집중하중의 표현방법

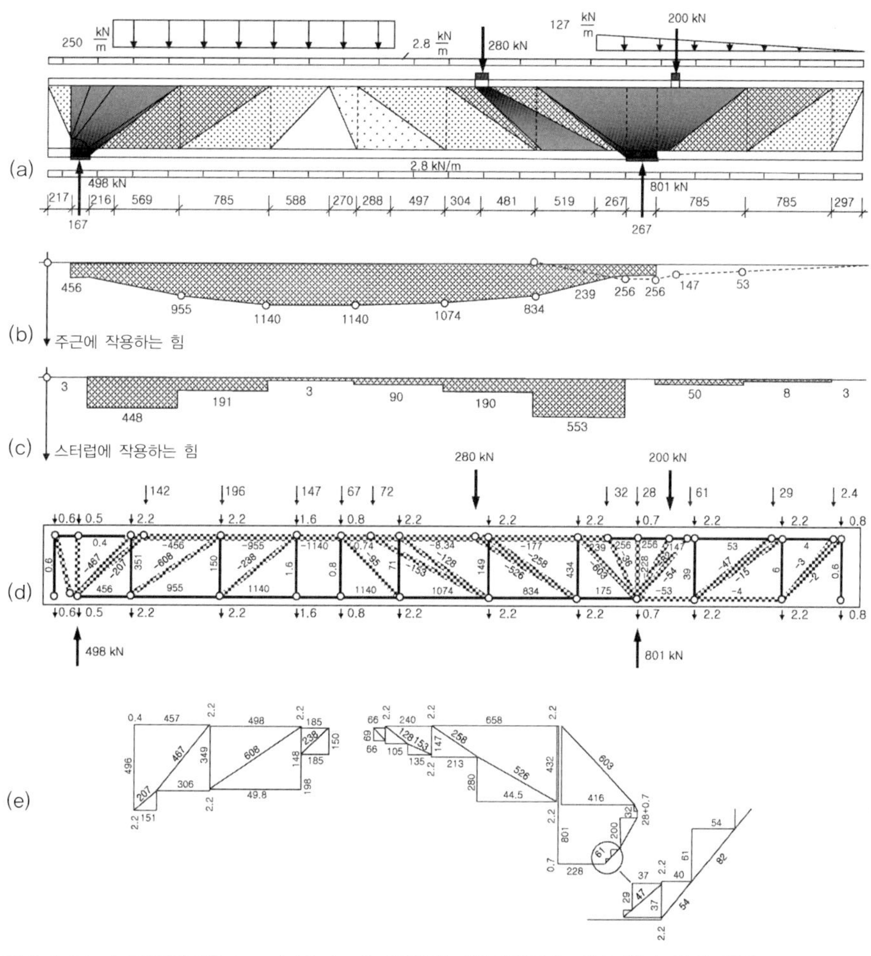

그림 2-34 통합설계법(Integral Method), 응력장, 철근작용력 내부 힘과 힘의 합력도

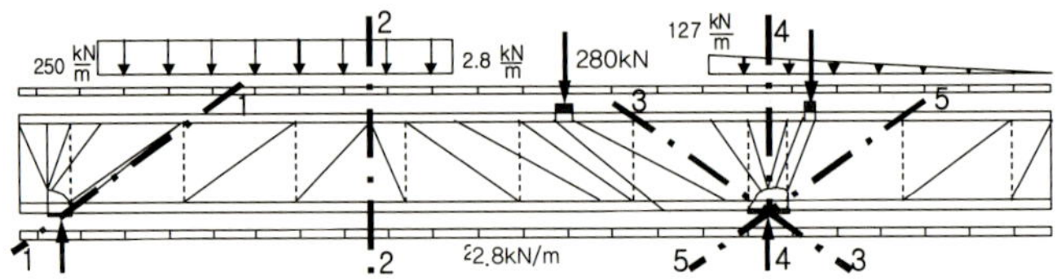

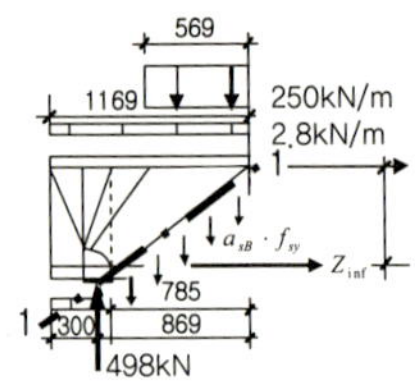

$$\Sigma z = 0 : 250 \cdot 0.569 + 2.8 \cdot 1.169 + 2.8 \cdot 0.3 - 498$$
$$+ \alpha_{sB} \cdot f_{sy} \cdot 0.785 = 0$$
$$\alpha_{sB} \cdot f_{sy} = 448\text{kN/m}$$
$$\Sigma \circlearrowleft = 0 : 250 \cdot 0.569^2 \cdot 0.5 + 2.8 \cdot 1.169^2 \cdot 0.5 + 2.8 \cdot 0.3 \cdot 1.019$$
$$- 498 \cdot 1019 + 448 \cdot 0.785^2 \cdot 0.5 + Z_{\text{inf}} \cdot 0.55 = 0$$
$$Z_{\text{inf}} = 456\text{kN}$$
$$\Sigma \rightarrow = 0 : Z_{\text{sup}} = - Z_{\text{inf}} = -456\text{kN}$$

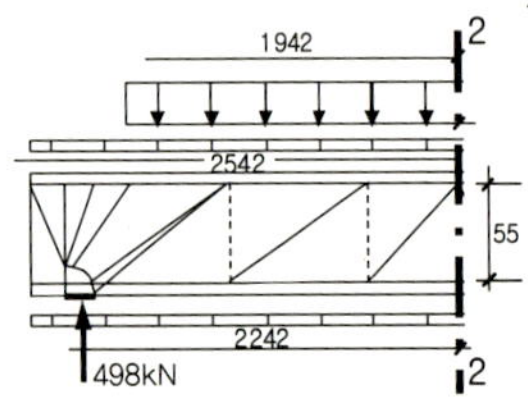

$$\Sigma \circlearrowleft = 0 : Z_{\text{inf}} \cdot 0.55 - 498 \cdot 2.242 + (2.8 + 2.8) + 2.542 \cdot 0.5$$
$$+ 250 \cdot 1.942 \cdot 0.5 = 0$$
$$Z_{\text{inf}} = 1140\text{kN}$$
$$\Sigma \rightarrow = 0 : Z_{\text{sup}} = - Z_{\text{inf}} = -1140\text{kN}$$

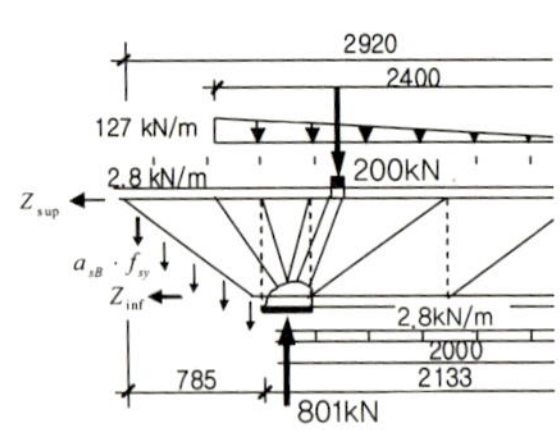

$$\Sigma z = 0 : 2.8 \cdot 2.92 + 2.8 \cdot 2.135 + 127 \cdot 2.4 \cdot 0.5 + 200$$
$$- 801 + \alpha_{sB} \cdot f_{sy} \cdot 0.785 = 0$$
$$\alpha_{sB} \cdot f_{sy} = 553\text{kN/m}$$
$$\Sigma \circlearrowleft = 0250 \cdot 2.92^2 \cdot 0.5 + 2.8 \cdot 2.134^2 \cdot 0.5 + 0.5 \cdot 127 \cdot 2.4^2 \cdot 0.67$$
$$+ 200 \cdot 1.7 + 553 \cdot 0.785 \cdot 2.525 - 801 \cdot 2.0 - Z_{\text{inf}} \cdot 0.55 = 0$$
$$Z_{\text{inf}} = 177\text{kN}$$
$$\Sigma \rightarrow = 0 : Z_{\text{sup}} = - Z_{\text{inf}} = -177\text{kN}$$

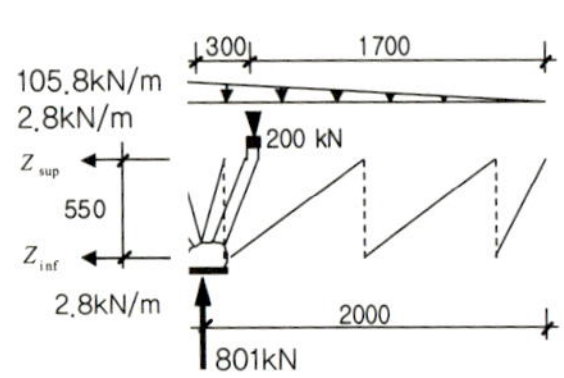

$$\Sigma \circlearrowleft = 0 : Z_{\text{sup}} \cdot 0.55 - 200 \cdot 0.3 - 2 \cdot 2.8 \cdot 2.0^2 \cdot 0.5$$
$$- 0.5 \cdot 105.8 \cdot 2.0^2 \cdot 0.33 = 0$$
$$Z_{\text{sup}} = 256\text{kN}$$
$$\Sigma \rightarrow = 0 : Z_{\text{sup}} = - Z_{\text{inf}} = -256\text{kN}$$

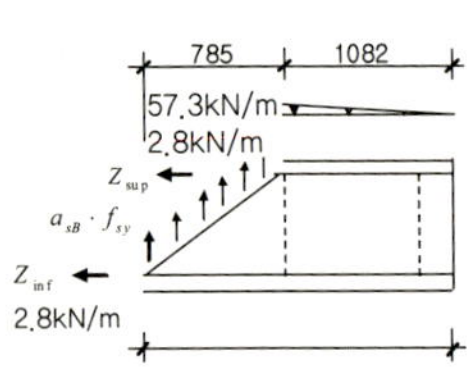

$$\Sigma z = 0 : 28 \cdot (1.082 + 1.867) + 0.5 \cdot 57.3 \cdot 1.082 - \alpha_{sB} \cdot f_{sy} \cdot 0.785 = 0$$
$$\alpha_{sB} \cdot f_{sy} = 50\text{kN}$$
$$\Sigma \circlearrowleft = 0 : Z_{\text{sup}} \cdot 0.55 + 50.0 \cdot 0.785^2 \cdot 0.5 - 2.8 \cdot 1.867^2 \cdot 0.5$$
$$- 2.8 \cdot 1.082 \cdot 1.326 - 0.5 \cdot 57.3 \cdot 1.082 \cdot 1.146 = 0$$
$$Z_{\text{sup}} = 53\text{kN}$$
$$\Sigma \rightarrow = 0 : Z_{\text{sup}} = - Z_{\text{inf}} = -53\text{kN}$$

그림 2-35 단면법(Section Method)

보의 최종설계는 기본적으로 2가지 방식으로 이루어질 수 있다. 첫 번째 방법은 일체법(Integral Method, 그림 2-34)으로 전체 응력장을 포함한다.

앞서 설명한 예처럼 응력장의 합력은 트러스구조의 형태로 표현할 수 있다. 응력장에서 각각의 요소에 작용하는 응력은 트러스에서 부재응력의 합력으로 표현할 수 있다. 응력장 요소의 응력 크기는 트러스의 각 절점에서 평형조건으로 구한 트러스 부재력을 근거로 계산한다.

단순한 구조물 설계를 위하여 구성요소에 작용하는 응력들을 산정할 필요는 없다. 2번째 방법은 단면법(Section Method)이라 명명하며, 응력장의 적절한 부분을 절단하여 작성한 자유물체도를 사용하여 내부응력을 산정한다. 이 방법은 압축장의 변화나 응력상태를 잘 파악하는 경우에 사용하는 것이 좋다.

그림 2-35는 이 방법의 적용 예를 보여준다. 설계를 위한 식들이 절단된 단면의 평형조건에서 유도된다(그림 2-36).

$$\Sigma V=0: \quad V_A-(\alpha_{sB}\cdot f_{sy}+q_{\sup})\cdot z\cdot \cot\theta=0$$

$$\alpha_{sB}=\frac{V_A}{f_{sy}\cdot z}\cdot\tan\theta-\frac{q_{\sup}}{f_{sy}}$$

$$\Sigma M=0: \quad -M_A+Z_{\inf_A}\cdot z-(\alpha_{sB}\cdot f_{sy}+q_{\sup})\cdot\frac{(z\cdot\cot\theta)^2}{2}=0$$

$$Z_{\inf_A}=\frac{M_A}{z}+\frac{V_A}{2}\cdot\cot\theta$$

$$\sigma_{cA}=\frac{V_A}{\sin\theta}\cdot\frac{1}{z\cdot\cos\theta\cdot t}$$

$$\Sigma V=0: \quad V_B-(\alpha_{sB}\cdot f_{sy}+q_{\inf})\cdot z\cdot\cot\theta=0$$

$$\alpha_{sB}=\frac{V_B}{f_{sy}\cdot z}\cdot\tan\theta+\frac{q_{\inf}}{f_{sy}}$$

$$\Sigma M=0: \quad M_B+Z_{\sup_B}\cdot z-(\alpha_{sB}\cdot f_{sy}+q_{\inf})\cdot\frac{(z\cdot\cot\theta)^2}{2}=0$$

$$Z_{\sup_B}=-\frac{M_B}{z}+\frac{V_B}{2}\cdot\cot\theta$$

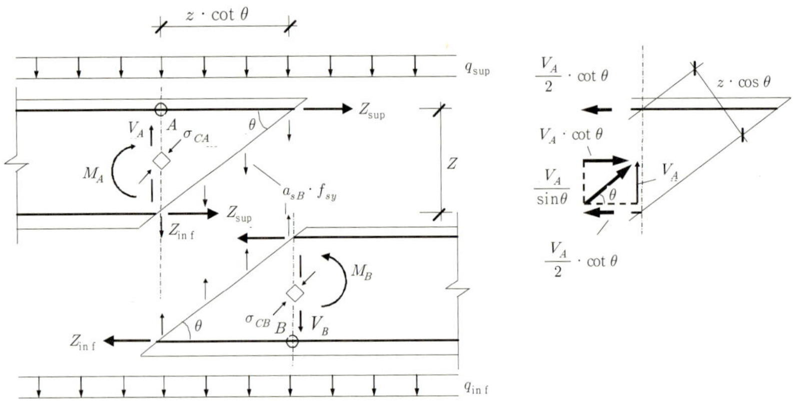

그림 2-36 단면력으로부터 내부응력 유도

2.3.4 변단면의 보

2.3.1절에서는 보의 중앙부에 집중하중이 작용하는 경우를 다루었다. 이번에는 보의 깊이가 중앙부에서 보의 지지점 방향으로 선형적으로 감소하고, 보 상부에 등분포하중이 작용하는 경우를 살펴보자(그림 2-37a).

응력장에 근거하면 기울어진 압축플랜지에 작용하는 압축력의 수직성분은 전단력에 반대되는 방향으로 작용한다. 이런 구조적인 효과는 직접하중전달방식과 관련이 있다. 그림 2-37에서 나타나는 전단력의 변화를 압축플랜지에서 보이는 전단력의 변화와 비교할 수 있다. 모든 전단력은 그림 2-37b의 A지점에서 압축플랜지를 통해 변환되어 웨브에서는 응력이 없는 상태로 변한다. A지점과 스팬 중간의 플랜지에서 전단력은 하중에 의해 작용하는 전단력보다 더 크다.

이것은 A점에서부터 스팬 중앙까지의 구간에 하중이 부재의 중앙으로 전달되고 다시 이 하중들이 양 지점으로 전달되는 것을 의미한다. 부재 중앙에서는 힘의 윗방향으로 작용된다. 가변부재의 높이는 길이방향의 주근(즉, 인장부재)의 기울기로부터 결정된다. 이러한 사례는 4.5절에서 다루겠다.

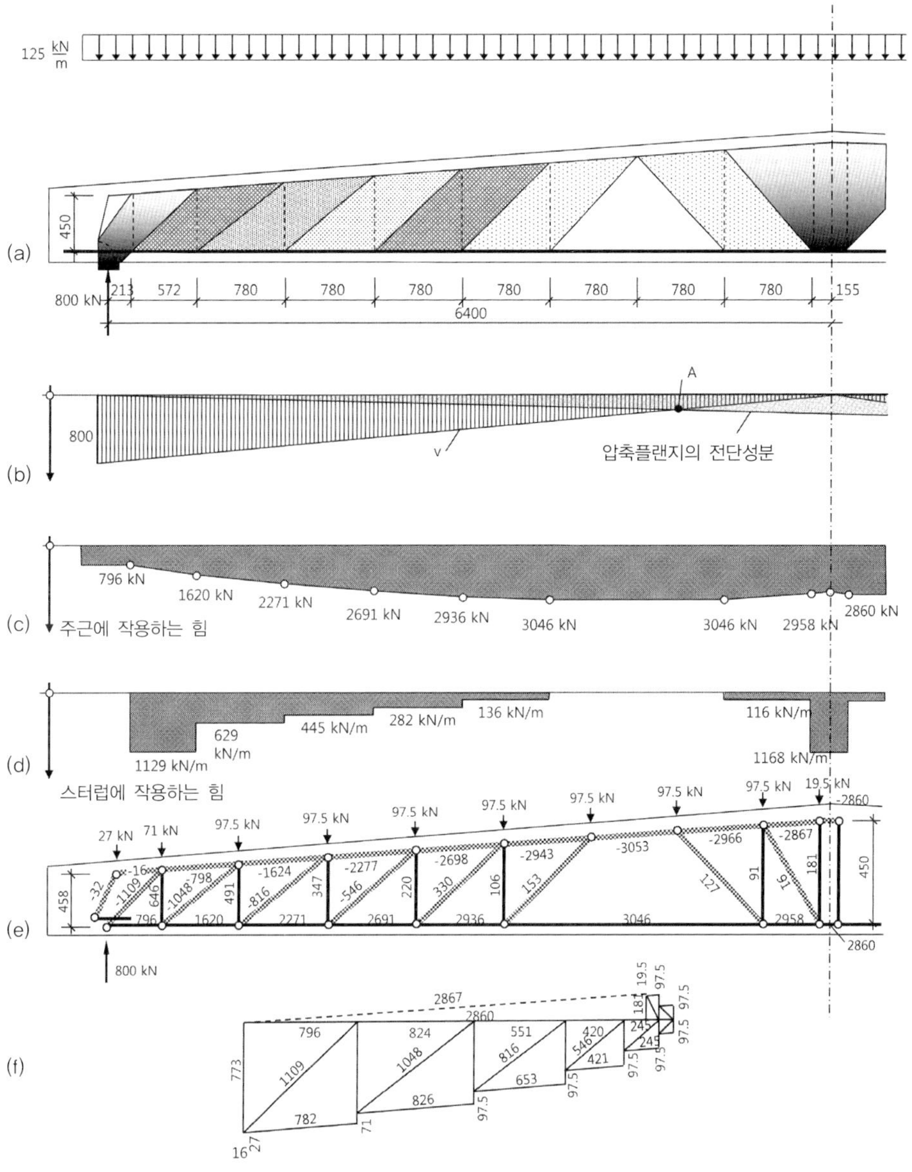

그림 2-37 응력장, 철근의 힘, 내부응력의 합력과 힘의 합력도

2.3.5 압축플랜지

2.3.3절에서 보의 압축플랜지 응력전달형상을 살펴보았다. 플랜지에 작용하는 하중은 웨브와 플랜지의 교차부인 웨브 상단에서 작용하는 수평방향의 전단력과 관계있다(그림 2-28). 압축플랜지에서 이런 힘의 분포는 단순한 응력장으로 묘사될 수 있고(그림 2-38), 압축플랜지에서 벌어지는 각의 결정 과정은 웨브에서 경사압축장의 기울기 결정방법과 동일하다.

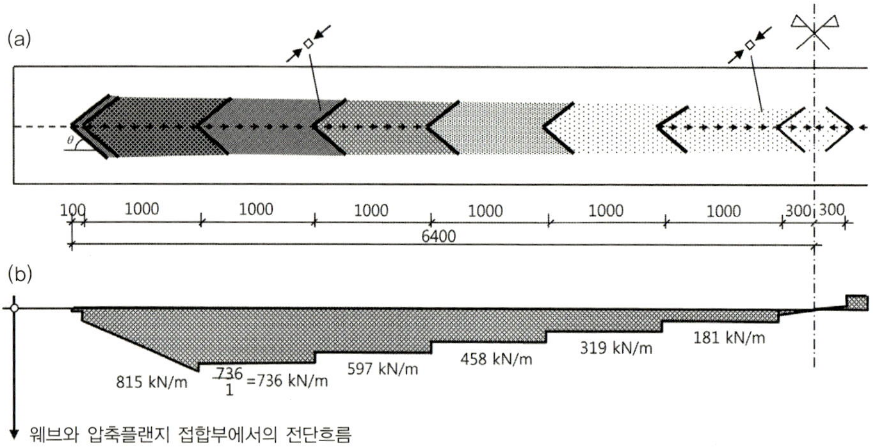

그림 2-38 압축플랜지에서 전단력의 분포

압축플랜지의 경사압축장은 플랜지에서 횡방향철근의 배열에 의해 결정된다. 그림 2-39는 경사스트럿의 방향변화를 보여준다.

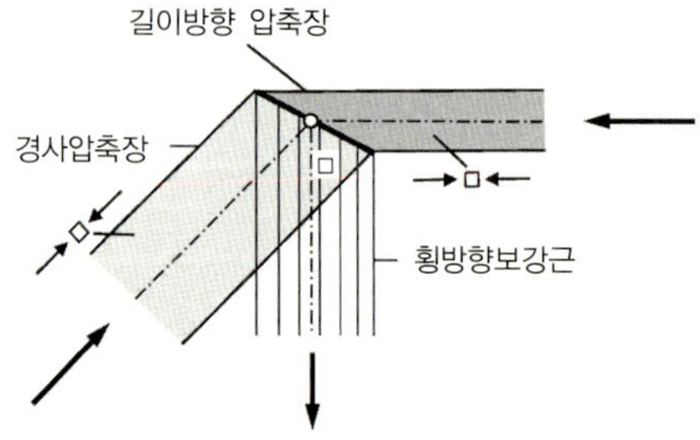

그림 2-39 플랜지의 경사압축장

전단철근에 발생한 응력은 2개 스트럿 경계의 불연속선에 작용한다. 인장타이의 힘은 이 불연속선 또는 그 뒤에서 정착되어야 한다.

이 예는 3개의 응력장(2개의 압축스트럿과 1개의 인장타이)이 각각의 폭을 가진 일반적인 경우이며, 인장타이 또는 스트럿이 선으로 집중되는 경우는 2.2.1절(그림 2-8c)과 2.2.4절(그림 2-16b)에서 언급하였다.

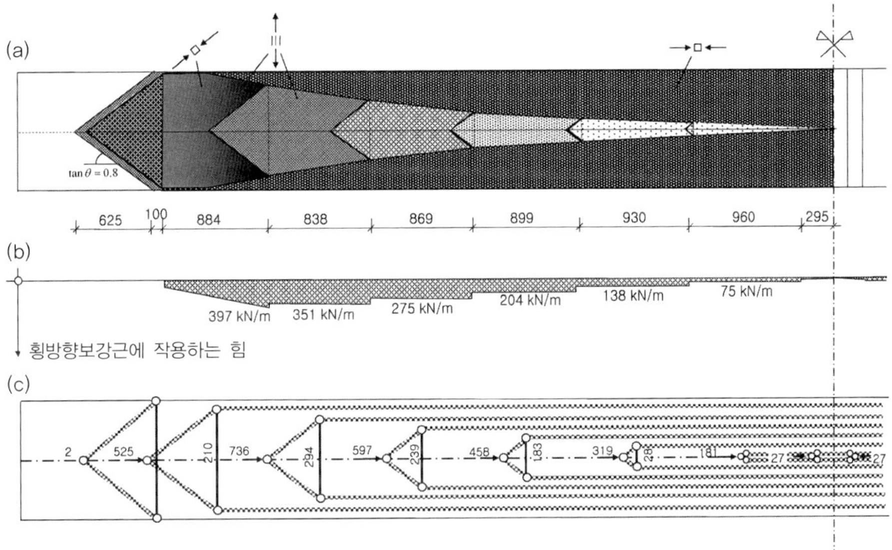

그림 2-40 응력장, 횡방향보강근과 내부응력의 합력

플랜지 경사 스트럿의 폭은 웨브 스트럿의 치수와 경사각도로 결정된다. 길이방향의 압축스트럿 폭은 휨모멘트로 발생한 압축응력도분포로부터 결정된다. 그림 2-40은 중앙부에서 압축응력분포가 일정하다는 가정하에 응력장, 횡방향보강근에 적용되는 힘과 내부응력의 합력을 보여주고 있다.

이러한 해는 매우 얇은 보의 웨브에서 유효하다. 보 웨브에서 두께를 고려하면 횡방향보강근에 작용되는 힘이 조금 더 커지게 된다.

2.3.6 인장플랜지

인장플랜지의 내부 응력분포는 압축플랜지에서 적용되었던 유사한 가정이 유효하다. 그림 2-41은 플랜지에서의 응력과 그것의 분포를 보여준다.

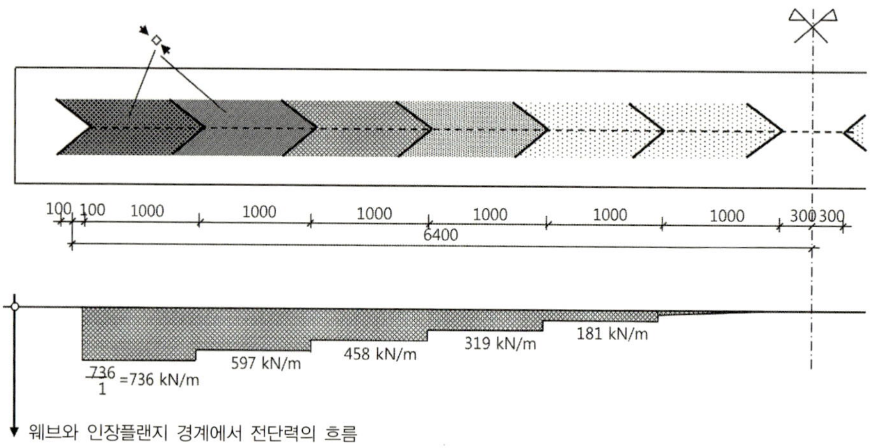

그림 2-41 인장플랜지에서 전단력의 분포

압축플랜지에서는 경사압축장의 휨방향 분력만을 전단보강근에 의한 인장타이로 지지하지만 인장플랜지에서는 그림 2-42와 같이 부재 축방향 분력까지 주근에 의한 인장타이로 지지한다.

따라서 횡방향보강근과 주근 모두 불연속선 AB에서 또는 그 뒤에서 완전히 정착되어야 한다.

압축플랜지에서와 유사하게 경사진 스트럿의 폭은 보의 웨브에서 결정된 스트럿의 크기와 각도로 알 수 있다. 그리고 각각의 인장력 장의 폭은 중앙부에서 인장력의 분포에 대한 가정에서 구할 수 있다.

그림 2-41에 나타난 분산되는 힘 외에, 지지점에는 집중된 형태의 수평방향 분력(그림 2-28 참조)이 추가적으로 작용된다. 이러한 수평방향 분력은 인장플랜지로 분산되지 않고 웨브 폭 안의 길이방향 주철근에 의해 지지된다.

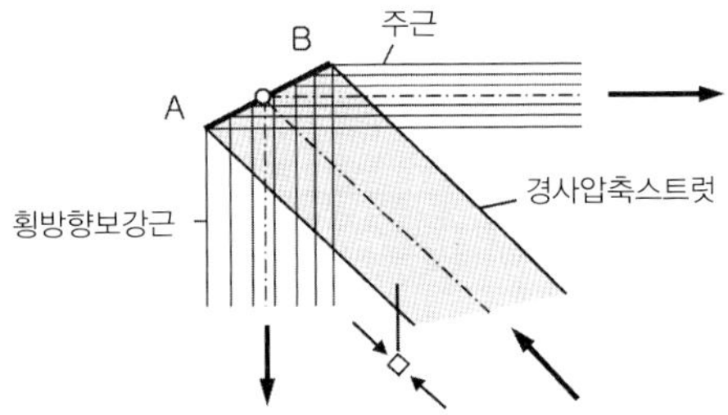

그림 2-42 인장플랜지에서 경사압축장 응력의 방향전환

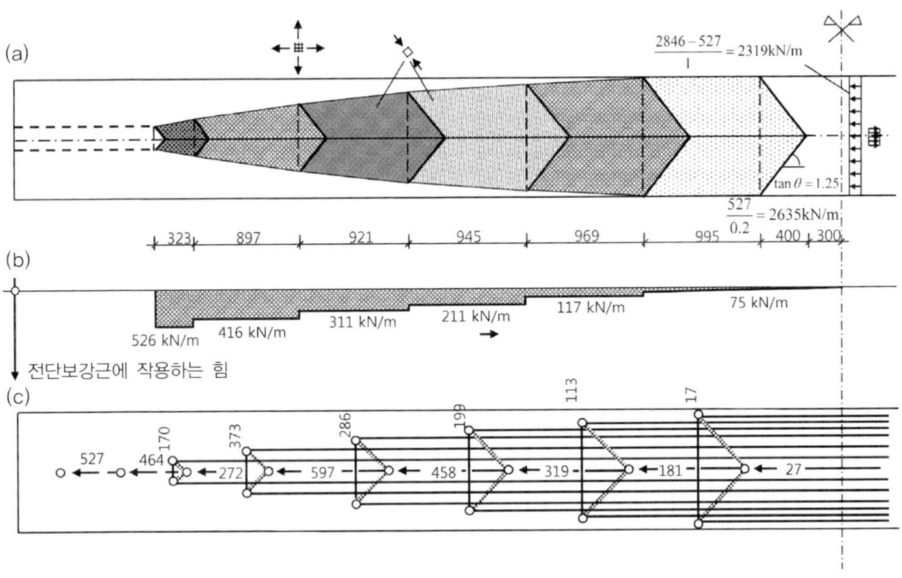

그림 2-43 응력장, 횡방향철근에서의 힘과 합력

그림 2-41에서 설명한 다른 길이방향의 힘은 횡방향으로 균등하게 분포되어 있다고 가정한다. 그림 2-43은 횡방향보강근에 작용하는 힘과 모든 합력뿐만 아니라 인장플랜지에서 완전한 응력장을 보여준다.

그림 2-44는 웨브와 압축플랜지, 그리고 인장플랜지의 가능한 배근상세이다.

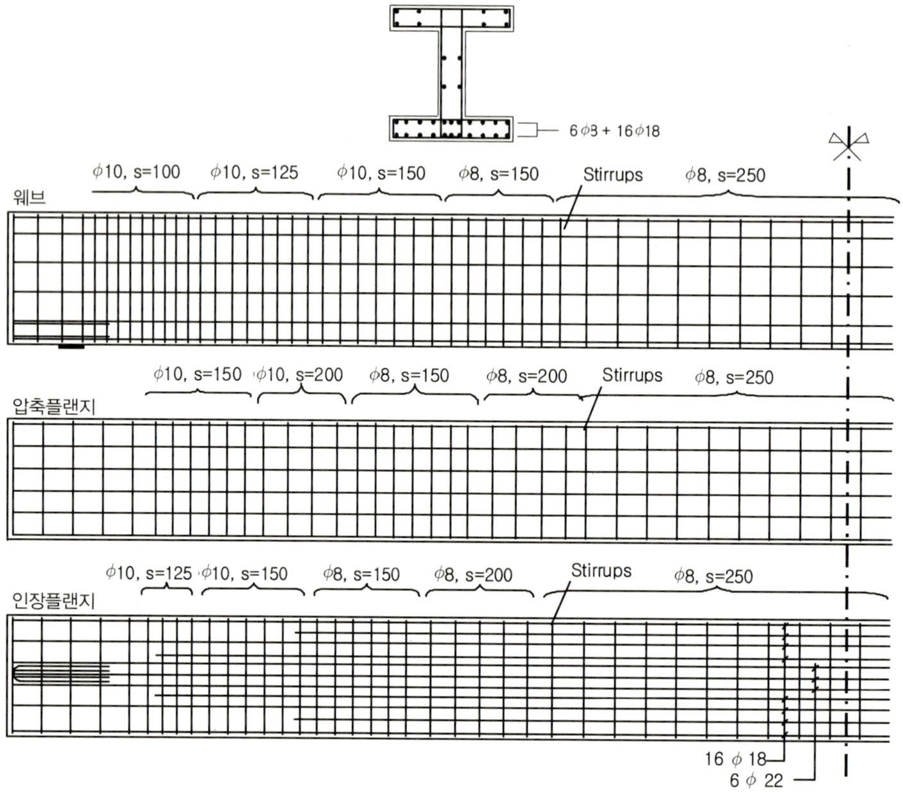

그림 2-44 배근도

2.4 비틀림과 조합된 하중을 받는 부재

2.4.1 개요

2.2절에서 언급한 문제에서는 대칭적 단면에서 부재의 웨브와 평행한 면에 하중이 작용한다. 만일 부재의 단면이 3개 평면으로 구성되어 있고, 이 3개 평면이 공통된 하나의 선을 따라 겹치지 않는다면, 이 부재에 일반적인 하중(general load)이 작용될 수 있다. 이 하중은 각각의 평면에 작용하는 적어도 3개의 정역학적으로 동일한 힘으로 대체할 수 있다. 따라서 2.2절에서 언급했던 응력장은 각각의 평면에 적용될 수 있다.

모든 부재는 면내하중을 받는 개별적인 평면부재들의 조합으로 표현될 수 있다.

2.4.2 열린 단면에서의 뒤틀림

위의 방법을 그림 2-45의 예를 통하여 설명하고자 한다.

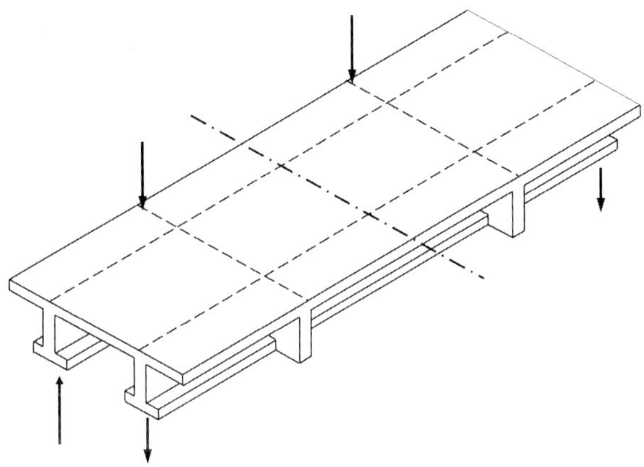

그림 2-45 개방형 단면을 가진 부재

하중작용선이 웨브의 평면과 평행하기 때문에 이 경우 2개의 판만 고려하면 된다. 2개 웨브로의 힘전달은 상부 압축플랜지의 휨거동과 그림 2-46과 같이 길이방향의 직각방향으로 설치된 격막을 통해 이루어진다.

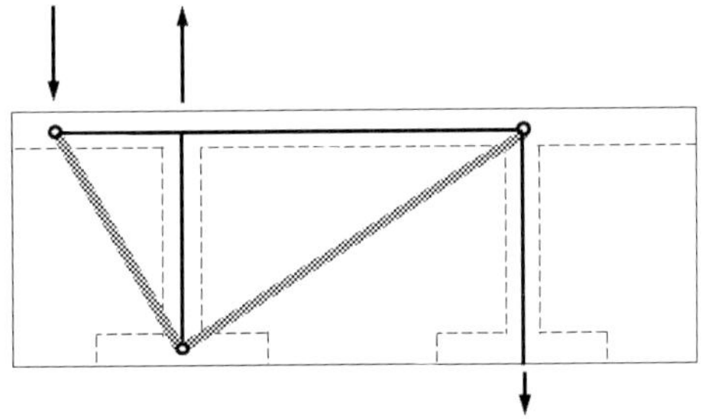

그림 2-46 격막을 통한 하중전달

그림 2-47에 표현된 양쪽 웨브와 플랜지의 응력장은 2.3절에서 설명한 방법으로 구할 수 있다.

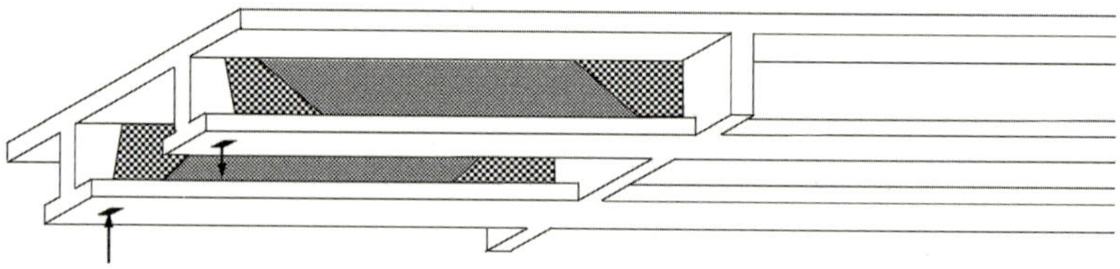

그림 2-47 웨브에서의 응력장

2.4.3 닫힌단면에서의 비틀림

앞의 비틀림 모멘트는 2개의 웨브판에 의해 지지되고, 수평판에는 하중을 웨브로 전달하기 위해 형성된 응력만이 작용한다.

박스 단면과 같이 닫힌단면을 가진 부재에서는 모든 판들이 순수비틀림(st. venant 비틀림) 하중에 저항한다. 따라서 플랜지 판에도 동일한 전단흐름(shear flow)이 작용한다는 가정이 가능하다.

이것은 그림 2-51과 같이 모든 판에서 전단흐름 v가 일정한 경우이다. 이러한 구조물의 거동은 그림 2-48의 예를 통해 설명하고자 한다.

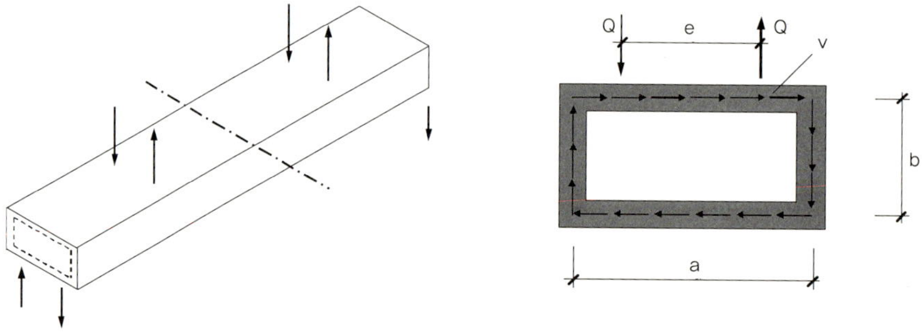

그림 2-48 집중하중에 의한 비틀림을 받는 닫힌단면과 하중전달

판에 작용하는 전단력의 크기는 판의 높이에 비례한다. 하중이 각 판의 면내 응력으로 전달되는 과정은 2.4.2절에서 설명한 직각방향으로의 휨거동과 그림 2-49와 같은 격막거동에 의해 이루어진다. 격막의 면내 응력분포는 응력장을 이용하여 2.9절에 설명한다.

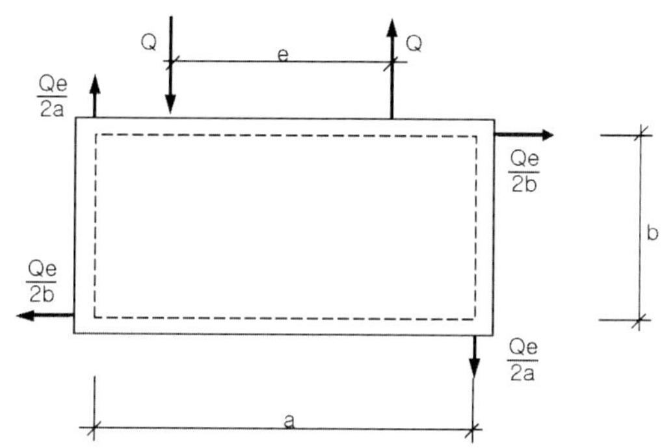

그림 2-49 격막의 하중전달

개별 판에 작용하는 하중과 이에 따른 응력장을 그림 2-50에 나타내었다.

하중점과 지점 구간을 제외하고, 인접한 2개 판 경계에서 작용하는 전단흐름은 그 구간 내에서 상호상쇄된다. 따라서 경계선을 따라 형성된 응력은 판 내부의 경사압축장의 길이방향 분력과 평형을 이룬다.

길이방향 판을 각각 독립적으로 설계할 수 있기 때문에 그림 2-36에서 유도된 식을 그대로 적용할 수 있다. 그림 2-51에는 임의의 닫힌단면에 적용할 수 있는 식을 유도한 것이다.

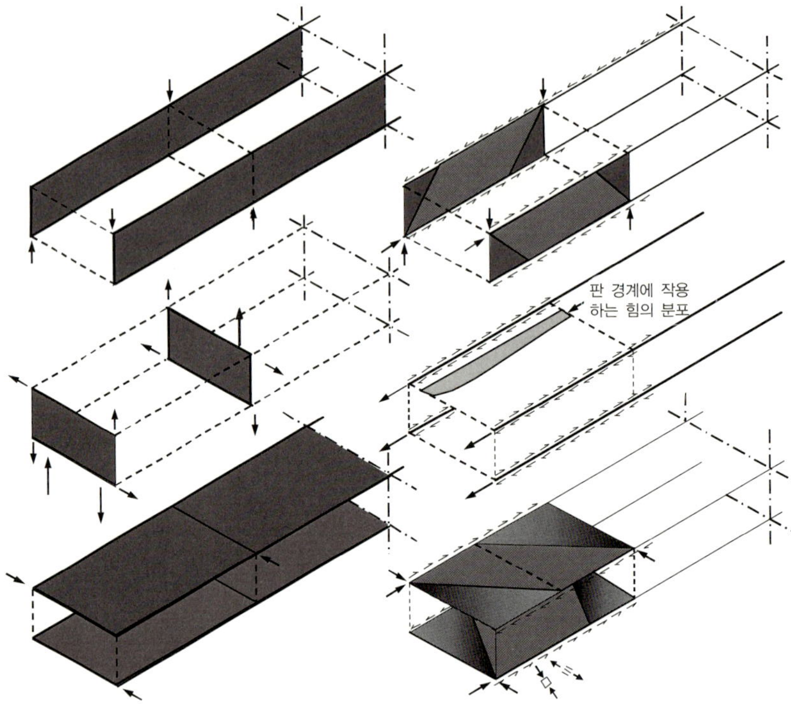

그림 2-50 개별 박판에 작용하는 하중과 응력장(집중하중에 의한 비틀림을 받는 경우)

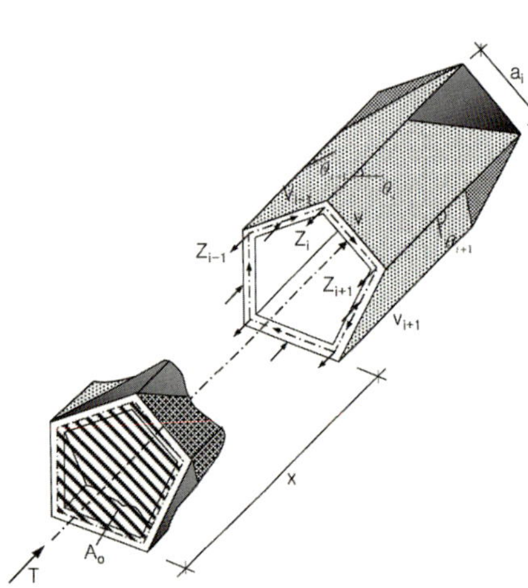

전단흐름

$$v = \frac{T}{2A_0}$$

A_0 : 판두께 중심선을 따라 형성된 폐쇄 단면적

스터럽에 작용하는 힘

$$\alpha_s \cdot \sigma_s = v_i \cdot \tan\theta_i$$

판 경계에 작용하는 힘

$$Z_i = v_{i+1}\left(-\frac{x}{\alpha_{i-1}} + \frac{1}{2}\cot\theta_{i-1}\right) + v_i\left(\frac{x}{\alpha_i} + \frac{1}{2}\cot\theta$$

$$\frac{T}{4A_0}(\alpha_{i-1}\cot\theta_{i-1} + \alpha_i \cot\theta_i)$$

그림 2-51 비틀림을 받는 임의의 폐쇄형 박판 단면을 위한 설계식

이제 그림 2-52와 같이 등분포 비틀림 하중을 받는 부재를 다루어보자. 작용하는 하중을 판의 면내응력으로 전달해야 하고 격막이 지지점에만 설치되어 있기 때문에 판에는 축 직각방향으로 휨이 작용하게 된다.

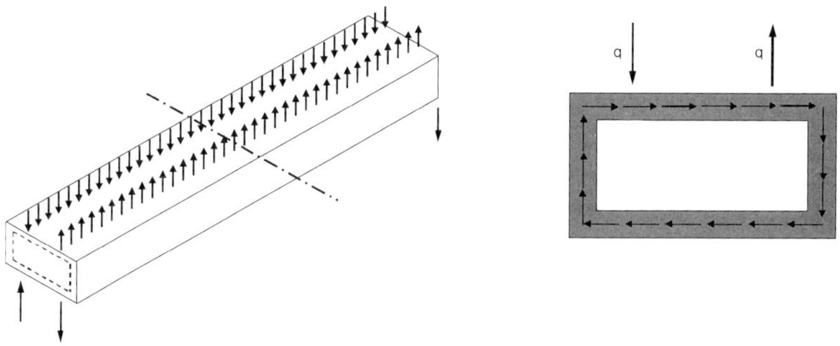

그림 2-52 등분포하중에 의해 비틀림을 받는 닫힌단면과 하중전달

개별 박판에 작용하는 하중과 이에 따른 응력장을 그림 2-53에 나타내었다.

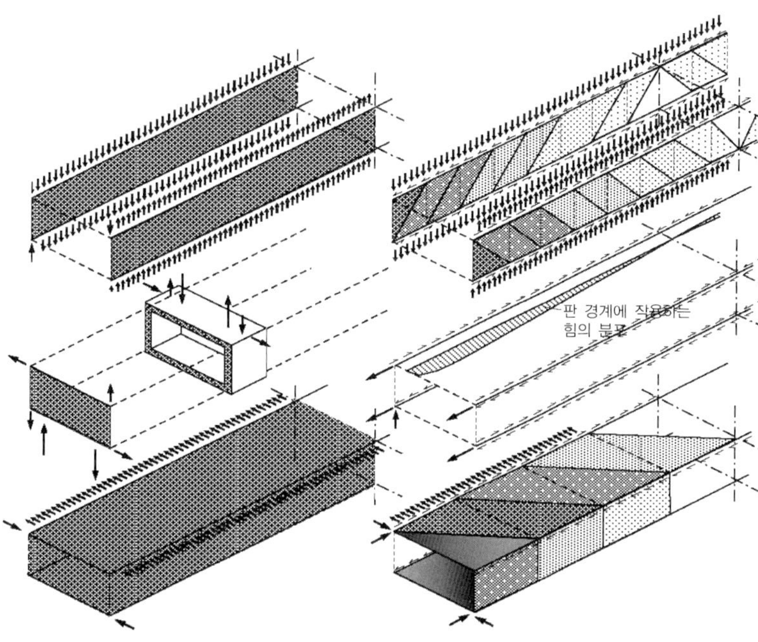

그림 2-53 개별 박판에 작용하는 하중과 응력장(등분포하중에 의해 비틀림을 받는 경우)

판에는 축 직각방향으로 휨을 받고 있다. 축 직각방향의 휨과 전단력의 조합은 개별 판의 응력장에 별 영향이 없다.(이에 관해서는 5장에서 설명하기로 한다.)

2.4.4 폐쇄형 박판단면에서 휨과 전단력이 조합된 비틀림

실제 현상에서는 비틀림에 휨과 전단력이 동반된다. 2.4.3절에서 사용된 동일한 닫힌 박판의 보에 대해 이러한 조합하중을 그림 2-54와 같이 고려해 보자.

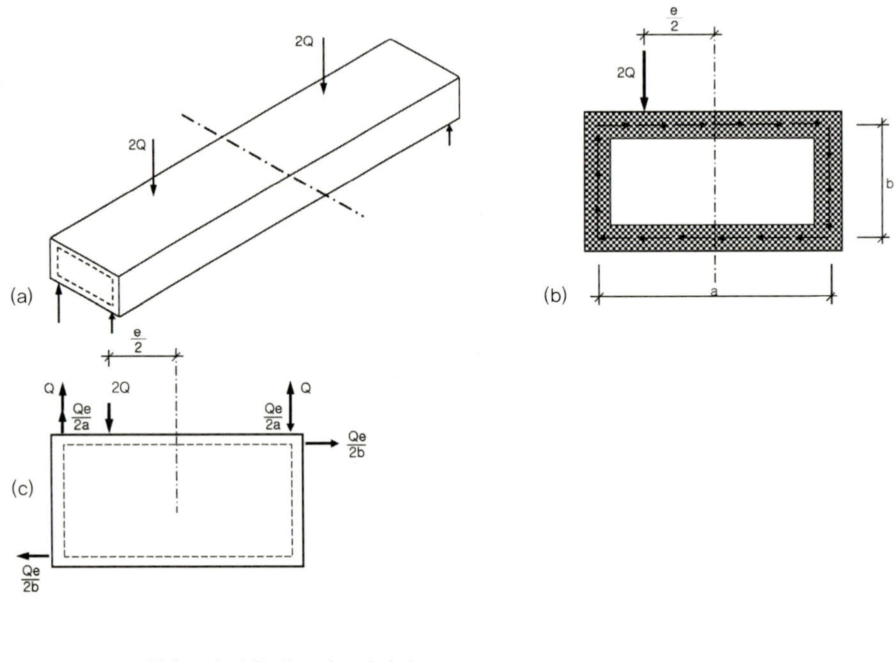

그림 2-54 조합하중이 작용하는 박스단면의 보

비틀림, 휨, 그리고 전단에 의해 형성된 응력을 중첩하여 격막과 판에 작용되는 힘을 그림 2-54(c)와 같이 산정할 수 있다. 그림 2-55a는 웨브판에 작용하는 힘을 보여주고 있다. 이러한 힘은 그림 2-55b와 같은 응력장을 형성하게 된다. 플랜지 판에는 웨브와의 경계에 작용되는 전단흐름과 축 직각방향으로 있는 격막에 형성되는 수평방향 힘이 작용하게 된다. 그림 2-55c는 이러한 힘에 의한 응력장을 보여주고 있다. 줄

앙부분에 형성된 경사압축장에는 응력방향 전환이 두 번 발생되어 길이방향으로 인장력과 압축력을 유발하게 된다. 2.3절의 단순 압축플랜지에서도 이와 유사한 응력장이 형성되었다.

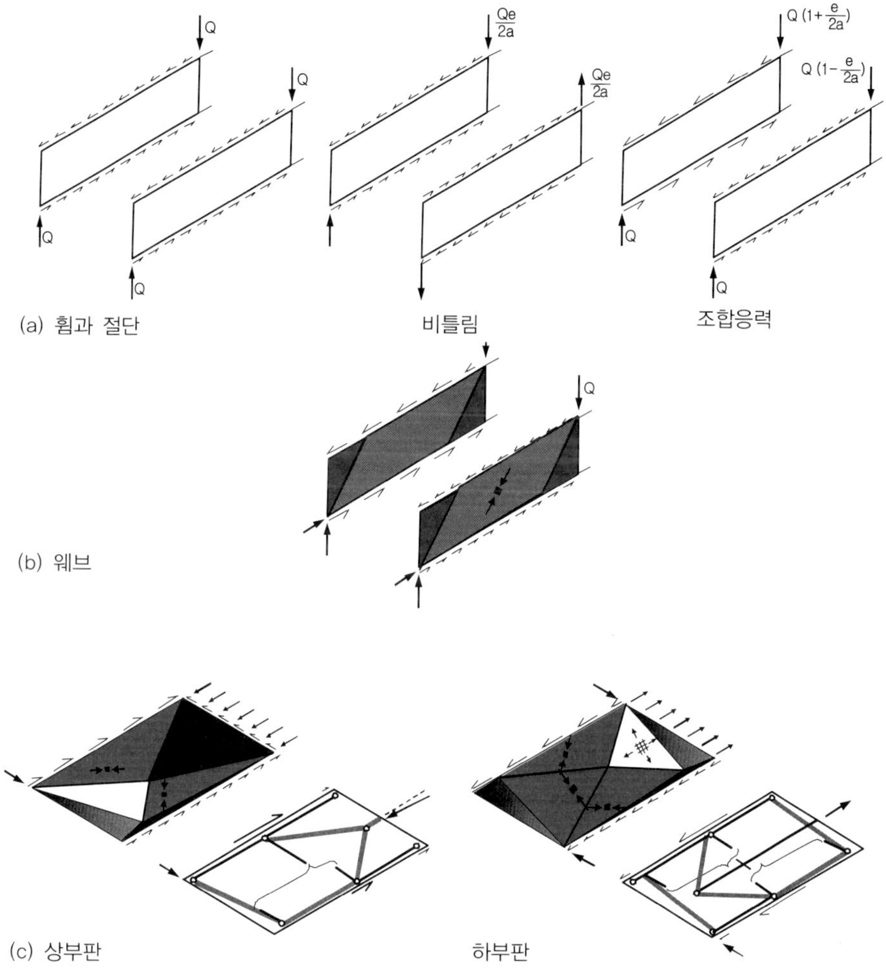

그림 2-55 웨브와 압축플랜지에 작용하는 힘

실제 설계에서는 모든 응력장의 크기를 산정할 필요는 없다. 중요한 설계요소는 전단보강근량과 경사압축장의 응력 크기이다. 이 값은 가장 큰 응력이 작용하는 판 경계의 전단흐름과 가정된 압축장의 기울기를 이용하여 힘의 평형조건을 통해 구해질 수 있다. 판의 양 단부에서 전단보강근량이 같다는 조건을 이용하여 양 단부 중 응력이 작은 경계에서의 압축장 기울기를 구할 수 있다.

2.5 브래킷

브래킷은 일반적으로 매우 작은 세장비($a/d \leq 1.0$)로 정의된다. 따라서 지지점에서 직접적인 하중의 전달이 가능하다. 그림 2-56에서 집중하중상태와 분포하중상태에 대하여 각각 다른 응력장과 주요 설계 변수를 보여준다.

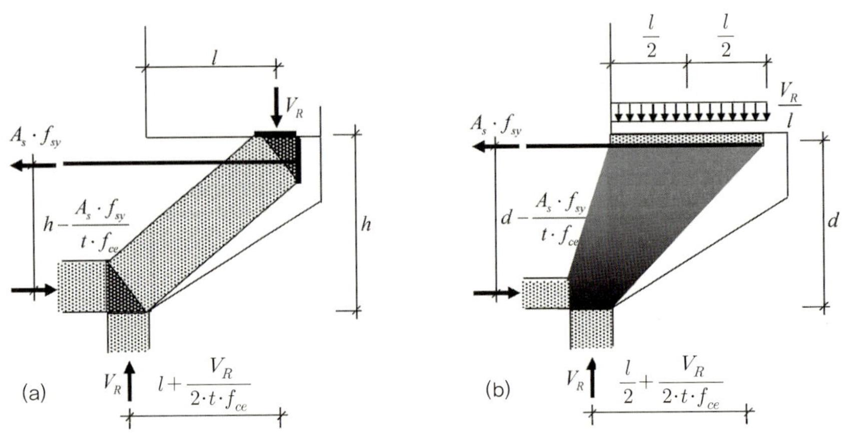

그림 2-56 브래킷에서의 응력장

실용적인 설계를 위해 처음에는 응력장의 대략적인 스케치가 필요하다. 보강철근의 크기와 위치는 단순 평형조건으로부터 얻어질 수 있다. 보강근은 하중가력점의 정착기구(그림 2-56a) 또는 부착력(그림 2-56b)에 의해 완벽하게 정착되어야 한다.

2.6 연결보

병렬전단벽을 연결하는 연결보는 양단부에서 축력, 전단력, 그리고 모멘트가 작용한다(그림 2-57).

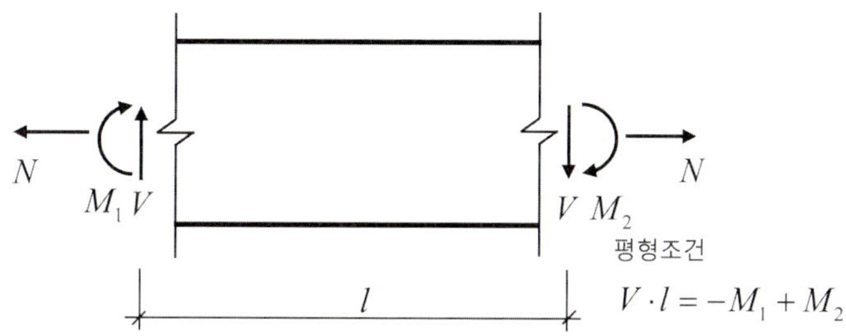

그림 2-57 연결보의 내부 힘

$N=0$과 $M_1=0$인 특별한 경우 2.2절에서 언급했던 예와 유사한 상태가 된다. 부재의 세장비가 작은 경우 전단력은 그림 2-58a와 같이 직접 아치 작용으로 전달되고, 일반적인 경우는 인장력과 압축력을 통해 그림 2-58c와 같이 쉽게 전단력의 전달이 가능하다.

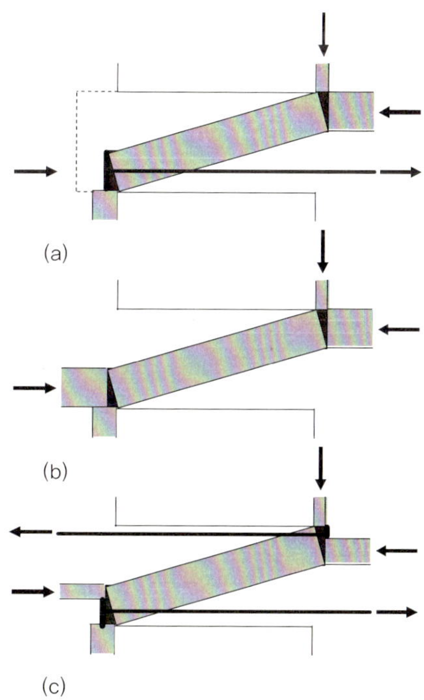

그림 2-58 연결보의 응력장

그림 2-59a에서 경사 스트럿의 형태를 기하학적으로 간단히 구성할 수 있다. 경사 스트럿이 직사각형이기 때문에 B점과 D점은 A, C와 함께 원 위에 놓여진다. 그림 2-59b와 같이 전단력은 해석적으로 수평력의 함수로 결정된다.

세장한 보에서는 경사 스트럿의 기울기가 작다. 만약에 길이방향의 인장력에 대하여 적절한 인장타이를 배근하지 않는 경우(그림 2-58b) 경사 스트럿으로 응력을 전달할 수 있다. 그러나 그림 2-58a와 C처럼 인장철근이 배근되고 경사 스트럿과 인장타이 사이의 각도가 작은 경우 인장타이의 큰 인장변형 때문에 콘크리트의 힘전달은 어렵게 된다. 이에 관해서는 4장에서 자세히 다루기로 한다.

이러한 경우 하중을 2.2.4절에서 다루어진 것처럼 간접적으로 전달한다(그림 2-60a). 중간의 세장비를 가진 보의 경우 하중전달은 2가지 방식의 조합으로 이루어질 수 있다(그림 2-60b).

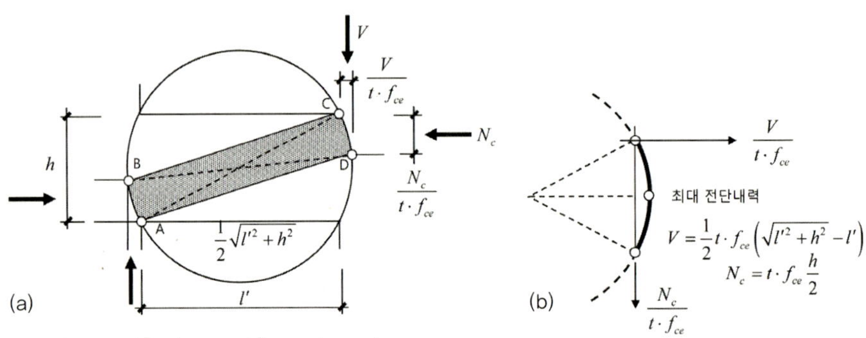

$$\left(\frac{l'}{2} + \frac{V}{t \cdot f_{ce}}\right)^2 + \left(\frac{h}{2} - \frac{N_c}{t \cdot f_{ce}}\right)^2 = \left(\frac{l'}{2}\right)^2 + \left(\frac{h}{2}\right)^2$$

$$V = t \cdot f_{ce}\left[\sqrt{\left(\frac{l'}{2}\right)^2 - \left(\frac{h}{2}\right)^2 - \left(\frac{h}{2} - \frac{N_c}{t \cdot f_{ce}}\right)^2} - \frac{l'}{2}\right]$$

그림 2-59 응력장과 V-N상관곡선의 기하학적인 구성

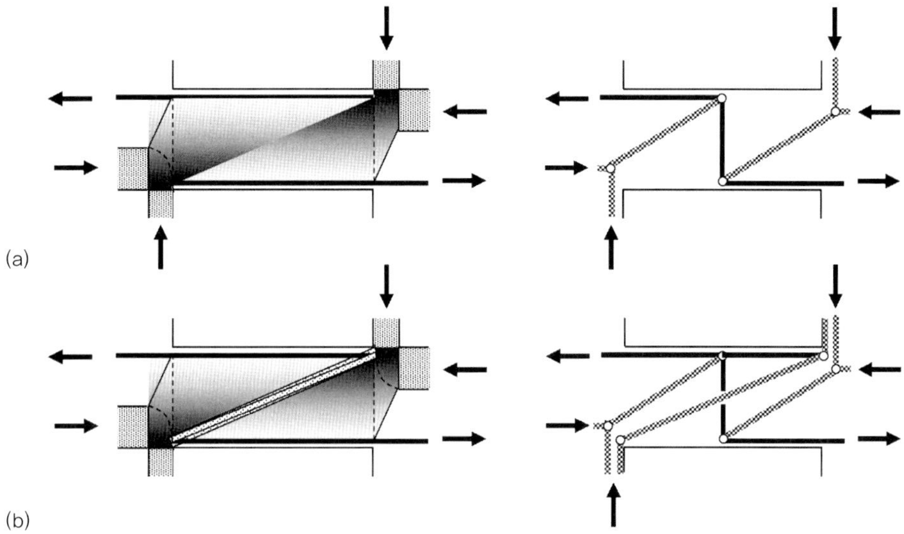

그림 2-60 응력장과 스트럿-타이 모델

축력과 전단력, 그리고 휨모멘트가 작용하는 짧은 기둥은 위에서 설명된 연결보와 유사한 구조적인 거동을 보여준다. 높은 압축영역의 분포 때문에 더 많은 사항은 검토되어야 하므로 보 기둥은 4.4절에서 다루겠다.

2.7 골조의 접합부

2.7.1 닫힘 모멘트가 작용하는 모서리 접합부

그림 2-61에서 닫힘 휨모멘트가 작용하는 모서리 접합부를 생각해 보자. 전단력과 축력이 조합되는 경우는 이 절의 마지막에서 다루고, 각각의 보와 기둥에 작용하는 짝힘과 그에 따른 스트럿의 크기는 그림 2-62a와 같이 단순한 정역학적 조건으로 구할 수 있다. 짝힘에 의한 2개의 직각방향 스트럿은 접합부 하부에서 만나며 평형조건을 만족하기 위하여 기울어진 방향의 제3의 힘이 필요하다(그림 2-62b).

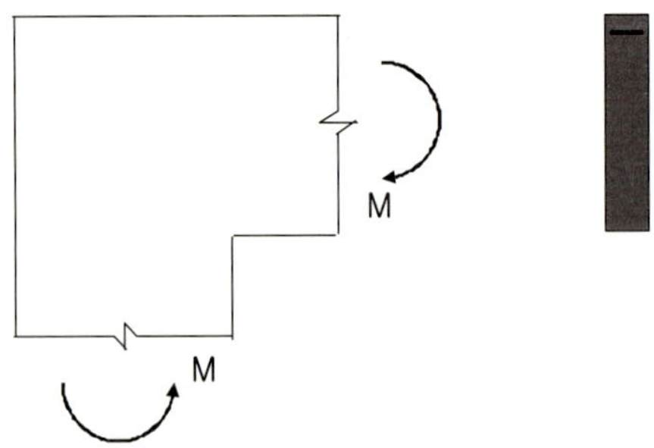

그림 2-61 모서리 접합부, 기하학적인 형상과 하중

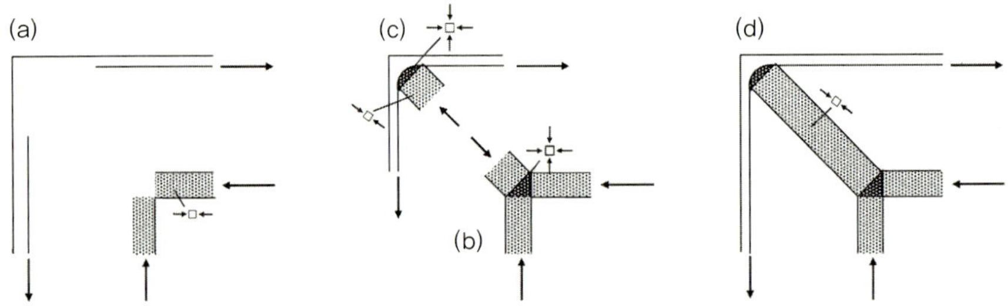

그림 2-62 응력장의 구성

따라서 절점에서 대각선방향으로 압축력의 방향 전환이 필요하다(그림 2-63c). 압축력과 인장력의 크기가 동일하듯이 경사 스트럿 끝에 작용하는 힘의 크기도 동일하다.

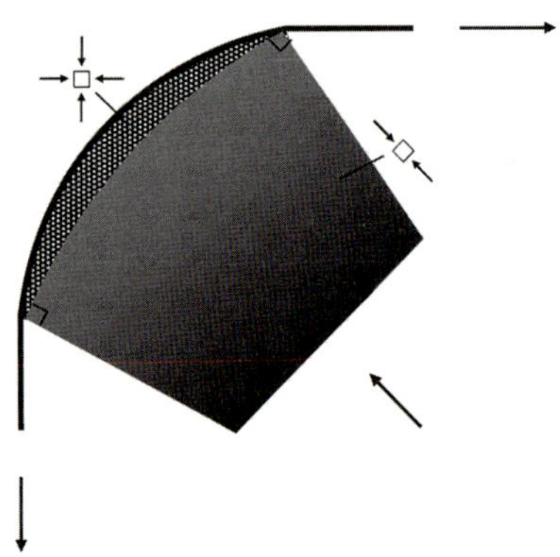

그림 2-63 철근에 작용하는 힘의 방향 전환

또 다른 힘의 방향 전환방법은 그림 2-63에서 볼 수 있다. 이론적으로 인장타이와 경사 스트럿 사이의 영역은 인장타이가 원형의 형태로 휘어졌기 때문에 양쪽방향으로 응력을 받는 상태가 된다. 그러나 실제 설계에서 이런 현상은 중요하지 않다.

절점에서 힘의 방향 변화는 대칭적인

경우에만 볼 수 있는 것은 아니다. 그림 2-64는 모서리 접합부에서 보의 높이와 기둥의 폭이 다른 경우의 응력장과 절점에서 일어나는 힘의 방향 변화를 보여준다.

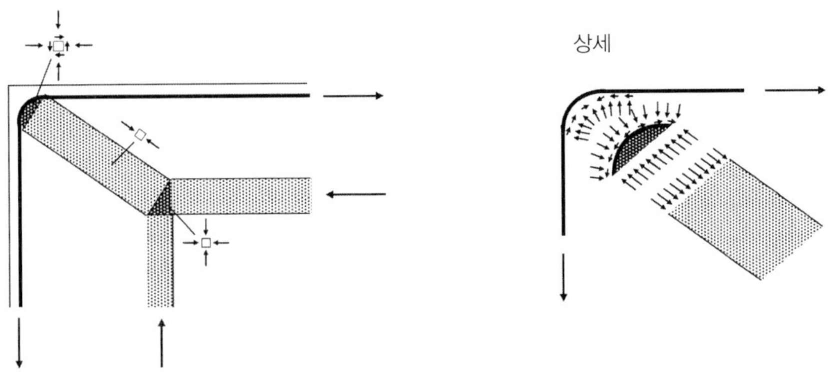

그림 2-64 보의 높이와 기둥의 폭이 다른 모서리 접합부의 응력장

이러한 경우 방향 전환에 필요한 제3의 힘은 스트럿과 인장타이 사이에 발생하는 부착력과 관련이 있다. 여기서 평형조건은 철근의 휘어진 형상에 의해 결정되는데 이 형상은 꼭 원형일 필요는 없다. 이것은 극한조건(스트럿의 기울기가 작고 작은 보 깊이에 비해 철근의 곡률반경이 큰 조건)에서 문제를 유발할 수 있다.

순수한 휨모멘트가 작용하는 모서리 접합부의 응력장에 축력과 전단력을 조합하여 일반화된 경우를 설명할 수 있다. 그림 2-65에서 보에 작용하는 전단력이 반대방향이더라도 접합부 힘의 흐름은 유사함을 보여준다.

이러한 경우 필요한 철근량을 단면해석으로 산정할 수 있다.

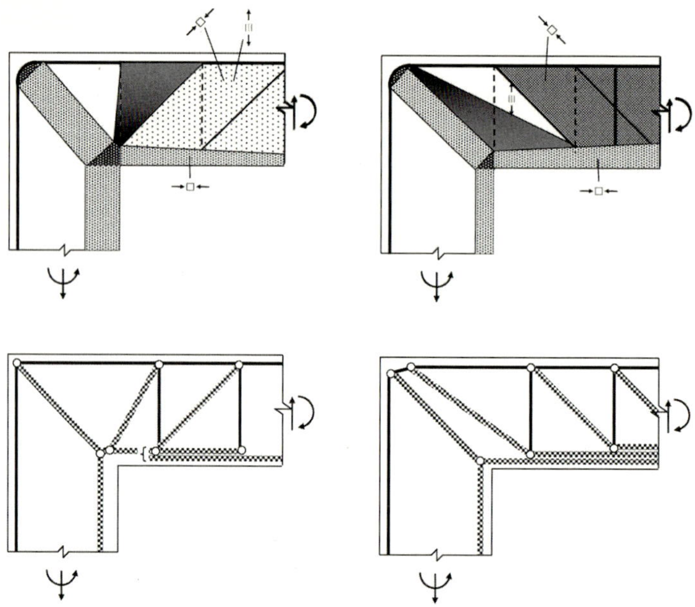

그림 2-65 모멘트, 축력, 전단력이 작용하는 모서리 접합부의 응력장

2.7.2 열림모멘트가 작용하는 모서리 접합부

열림모멘트가 작용하는 모서리 접합부의 응력장은 2.7.1절 닫힘모멘트가 작용하는 경우와 유사하다. 인장타이와 압축스트럿의 역할을 정확하게 반대로 선정한 결과이다(그림 2-66a).

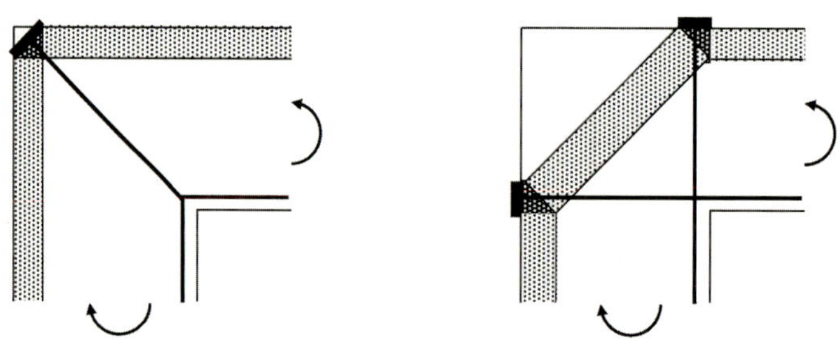

(a) 압축스트럿의 1번 방향전환　　(b) 압축스트럿의 2번 방향전환

그림 2-66

압축스트럿이 2곳에서 인장타이의 도움으로 방향을 바꾸는 경우는 그림 2-66b에서 볼 수 있다. 압축스트럿의 방향 변화는 단면의 최외단까지 이루어져야 하며, 이를 위해서 외부에 정착판을 사용해야 한다. 실험에 의하면 추가적인 보강근의 도움이 없는 모든 다른 방법들은 불충분한 부착강도 때문에 목표 값에 도달하지 못한다. 인장타이의 위치로 인한 구체적인 영향은 3장에서 언급하고, 만약 스트럿이 접합부에서 단면의 최외단까지 전달될 필요가 없다면 인장타이의 정착문제는 비교적 쉽게 해결할 수 있다. 그림 2-67은 추가적인 경사 인장타이를 이용하여 스트럿의 방향 전환을 완만하게 유도하고 접합부 안에서 인장타이가 정착되는 방법을 제시한다.

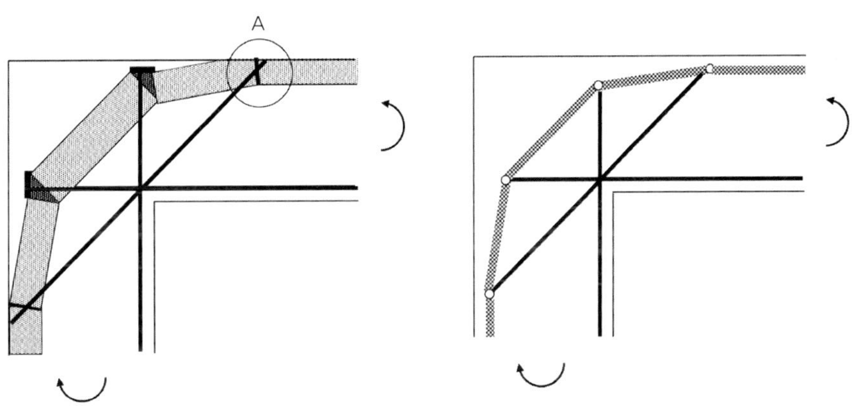

그림 2-67 스트럿이 여러 번 방향 전환하는 경우의 응력장과 합력

그림 2-67의 A지역에서 압축력과 인장력의 방향 전환은 그림 2-39의 경우와 유사하다. 힘의 방향 전환이 집중되어 발생하는 문제를 피하기 위하여 인장타이를 분산시키는 방법이 있다. 이러한 방식으로 분산된 인장타이는 압축력의 방향을 연속적으로 바꿀 수 있다(그림 2-68a). 분산된 격자형 철근의 인장력은 주근으로 전달된다(그림 2-68b). 최종 응력장과 내부 힘의 합력이 그림 2-68c와 d에 나타나 있다.

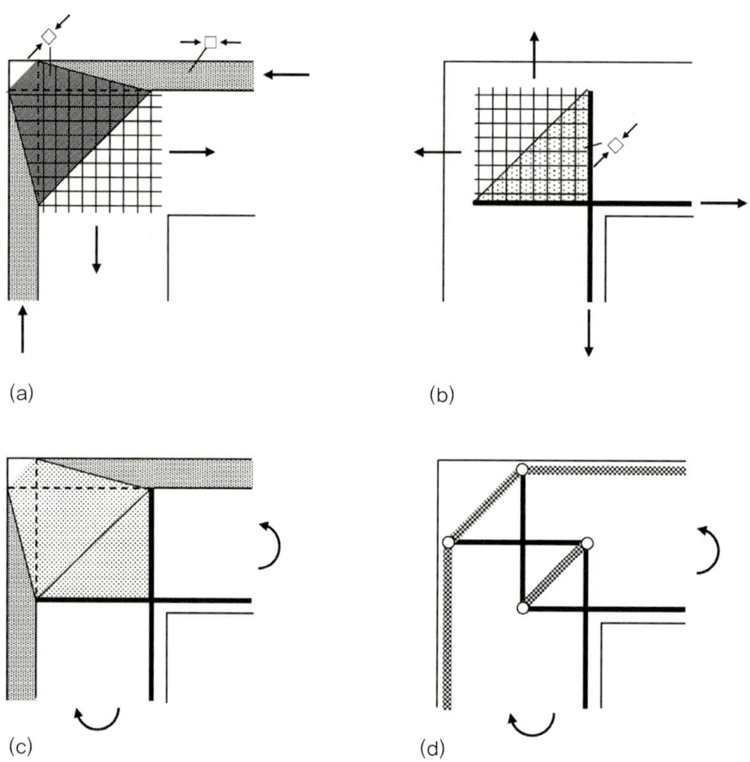

그림 2-68 모서리 접합부에서 분산 철근의 작용

그림 2-69는 그림 2-66b와 2-68과 관련된 응력장의 가능한 조합을 나타낸 것이다.

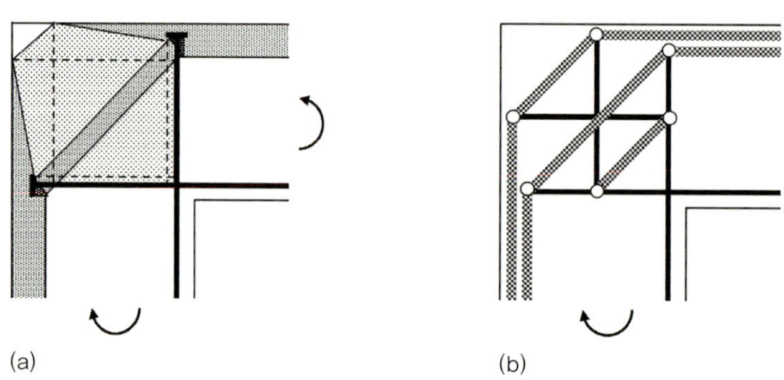

그림 2-69 모서리 접합부의 응력장과 힘의 합력

그림 2-67에 수직력과 전단력이 작용할 때 응력장은 그림 2-70과 같다. 그림 2-66b, 그림 2-67, 그림 2-68의 응력장에 따른 철근의 배근상세를 그림 2-71에서 제시할 수 있다.

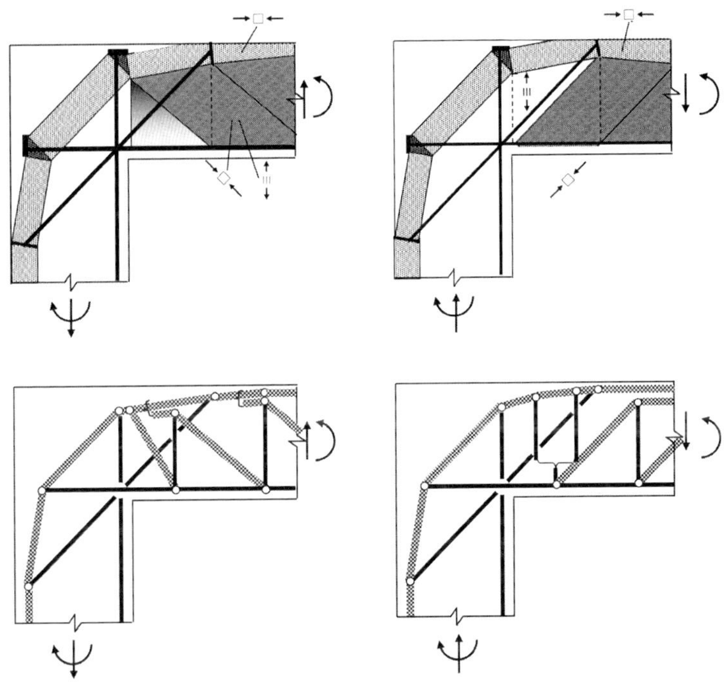

그림 2-70 모멘트와 수직력, 전단력이 작용하는 모서리 접합부의 응력장

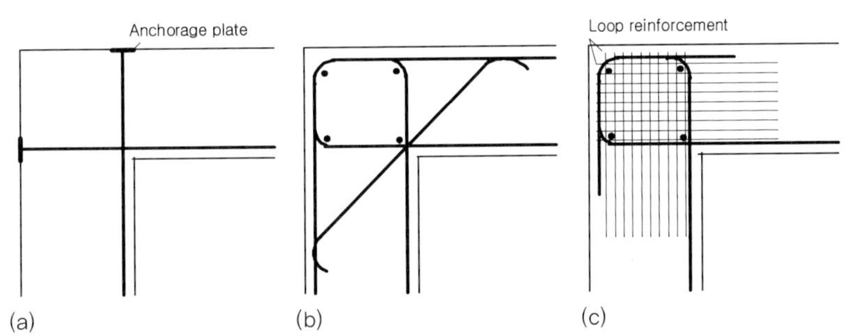

그림 2-71 모서리 접합부의 보강근 상세

2.7.3 외부 보-기둥 접합부

이 절에서 접합부는 순수한 휨이 작용하는 경우로 한정한다. 수직력과 전단력은 앞 절의 모서리 접합부에서 다루었던 것과 비슷한 방식으로 응력장에 영향을 준다. 휨모멘트의 조합은 그림 2-72에서 보는 바와 같이 3가지 경우이다.

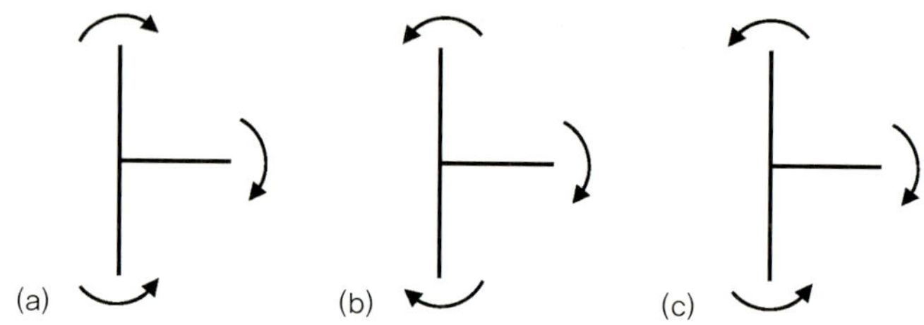

그림 2-72 접합부에서 하중의 종류

그림 2-72 각각의 경우에 대한 내부응력을 그림 2-73과 같이 표현할 수 있다.

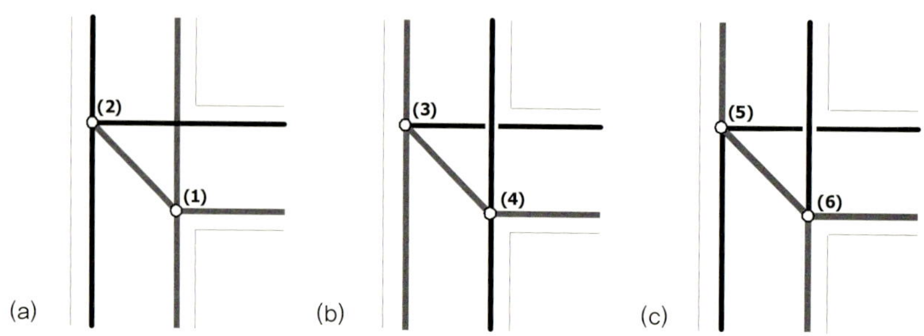

그림 2-73 그림 2-72의 STM

스트럿의 치수를 고려한 각 절점의 가능한 형상은 그림 2-74에서 볼 수 있다.

상세 1, 2, 그리고 4는 평형조건을 구성하는데 아무런 문제가 없다. 그러나 상세 3과 5는 2.7.2절에서 다루었던 내부에서 인장력을 정착해야 하는 문제를 가지고 있다.

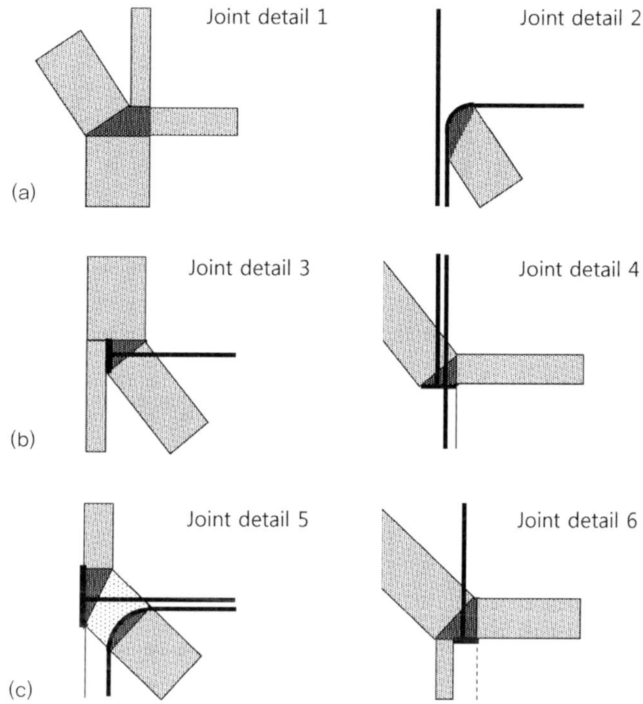

그림 2-74 절점의 다양한 상세

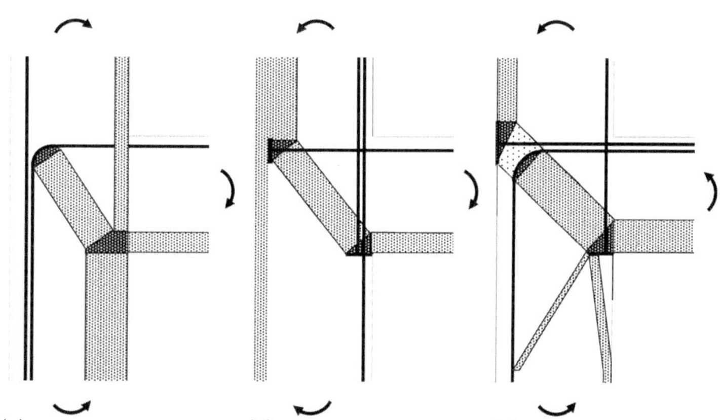

(a) (b) (c)

그림 2-75 그림 2-72의 하중에 대한 전체 응력장

상세 5의 경우 대각선 방향의 힘 중 일부분은 절곡된 철근의 인장력에 의해 균형을 이룬다. 그러므로 대각선 부재의 윗부분에서 응력은 감소되고 2축 응력상태의 절점의 주응력 중 하나는 f_{ce}보다 작다. 상세 6에서 수직보강근 또는 수직방향의(응력이 f_{ce}라고 가정한) 스트럿은 왼쪽으로 이동되어야 한다. 그렇지 않으면 2축 응력상태의 절점에 과도한 응력이 작용하게 된다. 완벽한 응력장은 그림 2-75와 같다.

그림 2-75b와 c 접합부에서 수평보강철근의 정착에 관한 문제는 그림 2-67, 그림 2-68과 같이 추가 경사보강근이나 수직 스터럽을 이용하여 해결할 수 있다.

2.7.4 내부 보-기둥 접합부

내부 보-기둥 접합부에서는 외부 보-기둥 접합부와 같은 방법이 적용된다. 그림 2-76은 모멘트와 그에 따른 내부응력상태를 보여준다.

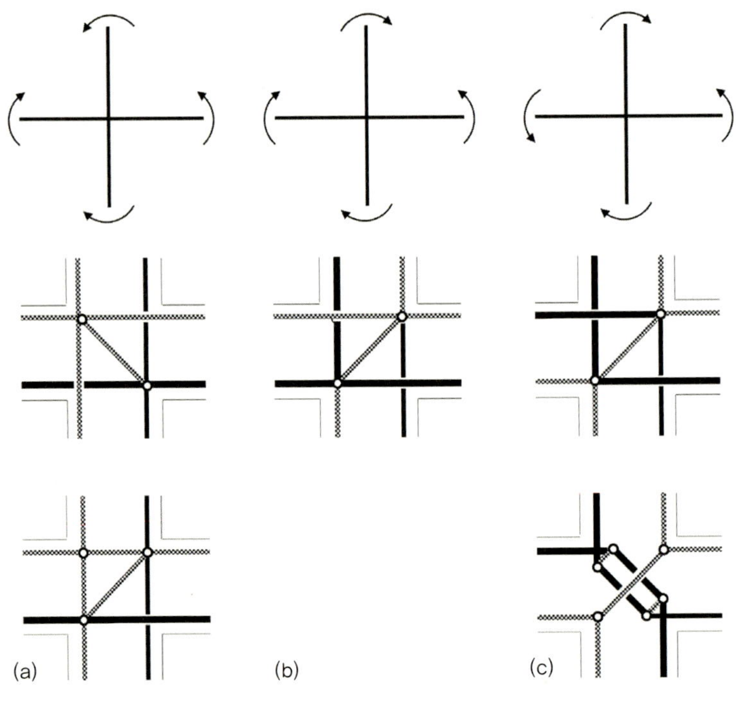

그림 2-76 작용모멘트의 조합과 스트럿-타이 모델

일반적으로 접합부 설계에서는 다음과 같은 과정이 적용된다.

- 내부응력의 흐름 및 각 요소에 작용하는 합력 산정
- 단면과 철근량 결정. 철근에 작용하는 힘은 주로 인접한 부재의 철근의 힘에서 구할 수 있다.
- 응력장을 이용한 접합부 상세설계
- 철근배근

2.8 단면이 급격히 변하는 보

그림 2-77에서 휨모멘트만 작용하는 보의 중간에 단면이 갑자기 변하는 경우를 생각해보자.

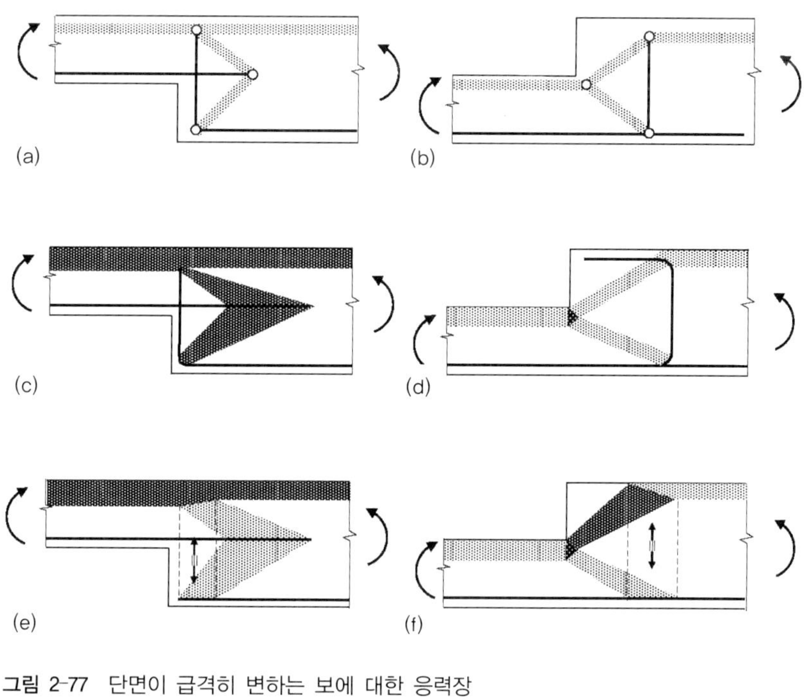

그림 2-77 단면이 급격히 변하는 보에 대한 응력장

우선 D-영역의 경계면에 작용하는 단순휨모멘트를 인장력과 압축력의 짝힘으로 바꾸어야 한다. 인장응력장의 응력흐름 변화는 그림 2-77a와 2-77b처럼 STM으로 구할 수 있지만 그림 2-77c와 2-77d에서와 같이 철근의 상세는 응력장을 기반으로 한다.

응력장의 형상에서 알 수 있듯이 단면의 깊이가 변하는 지점에서 길이방향 스트럿의 방향 변화가 필요하며 이 영역에서 철근상세를 조심스럽게 다루어야 한다. 이 문제는 그림 2-77e와 그림 2-77f처럼 스트럿의 방향 변화에 필요한 인장타이의 인장력을 적절하게 재분배하기 위해 스터럽을 배근하면 쉽게 해결할 수 있다.

그림 2-78은 휨모멘트와 전단력이 동시에 작용하는 단이 있는 보부재에 대한 STM의 구성결과이다. 그림 2-78a에서 수직철근의 단부에 적절한 정착이 필요한 것을 알 수 있는데, 이는 철근을 경사지게 배근함으로써 합리적인 해결점을 찾을 수 있다.

보의 가운데에 개구부가 있는 경우 주요 관심사는 전단력의 전달방식이다. 개구부 둘레를 2개 보로 연결되어 있다고 접근하면 상호작용하는 응력장이 형성된다.

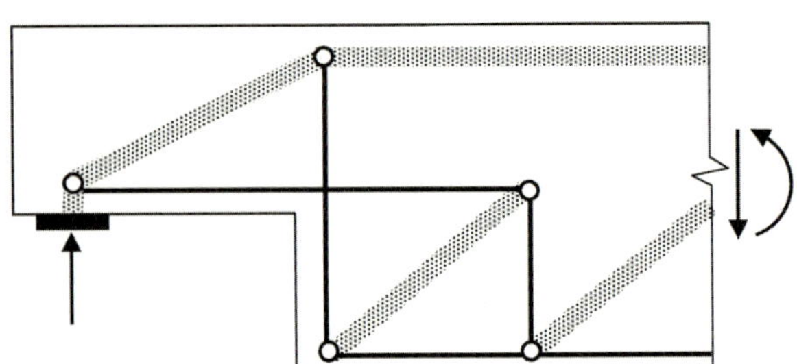

(a)

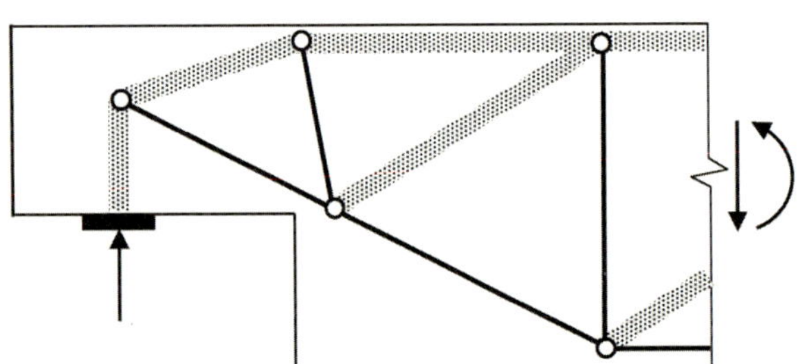

(b)

그림 2-78 단이 있는 보의 지지점 영역에서의 합력

그림 2-79는 압축력이 작용하는 상현재 플랜지와 인장력이 작용하는 하현재 플랜지를 통해 전단력이 전달되는 2가지 방식을 나타내고 있다.

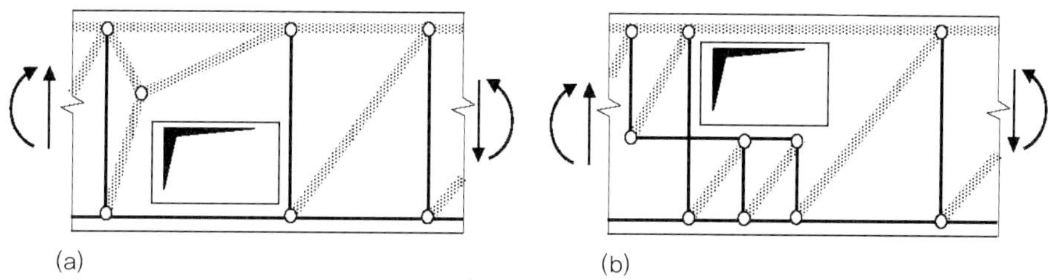

그림 2-79 개구부 주변의 응력 흐름

2.6절 연결보의 예를 통해 설명한 것과 같이 스트럿을 통한 직접전달방식과 스터럽을 통한 간접전달방식으로 응력전달의 모형을 구성할 수 있다. 상대적으로 짧은 거리에 여러 개의 개구부가 위치한다면, 마치 수직방향의 연결보로 연결된 구조물로 생각하여 그림 2-80과 같은 응력 흐름을 이해할 수 있다.

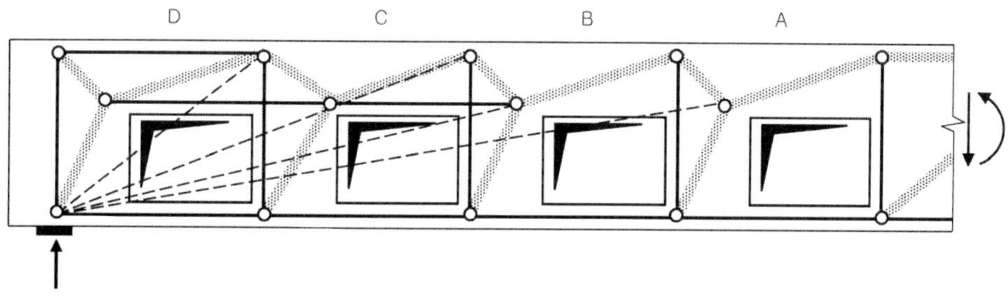

그림 2-80 여러 개의 개구부가 있는 보의 응력 흐름

2개의 수평보 A와 B에 대해 압축력의 편심 정도가 매우 작아 정역학적 관점에서 이 영역의 수평철근은 불필요하다. 그러나 합력이 연결보 바깥에 위치한다면 수평방향의 철근이 힘을 받아야 한다. 그림 2-80의 모든 연결보에서는 직접하중 전달방식으로 압축스트럿이 가정되었다. 활하중에 대해 안정적이고 효과적인 거동을 위한 개선된 해결방법은 4.2절에서 설명하도록 한다.

2.9 벽체

2.9.1 전단벽

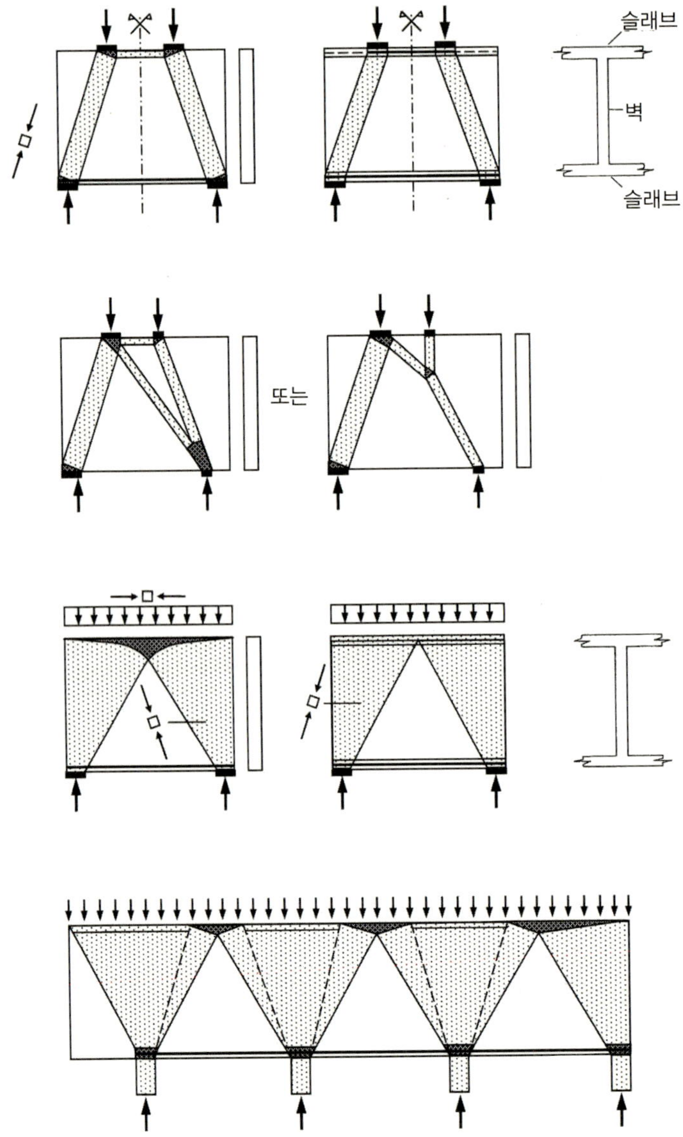

그림 2-81 수직하중을 받는 벽

이번 절에서는 그림 2-81의 예와 같이 몇 개의 정형화된 평면응력상태로 제한하여 설명하고, 수직하중을 받는 단순한 벽체는 2.2절에서 깊은 보와 같이 언급하였다. 그리고 바닥판과 일체화되어 있는 벽체의 경우 바닥판은 플랜지판으로 다룰 수 있다.

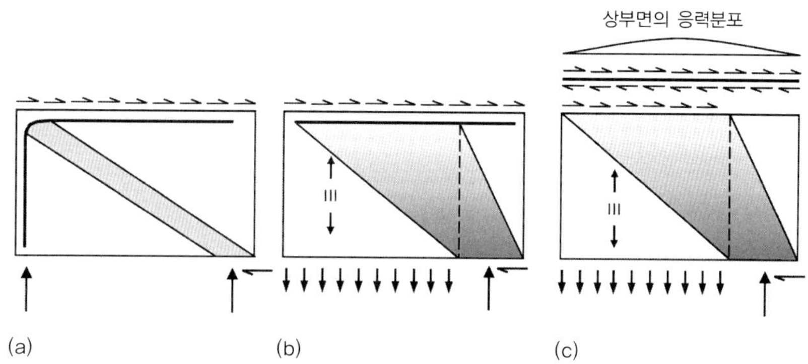

그림 2-82 수직하중이 없는 전단벽

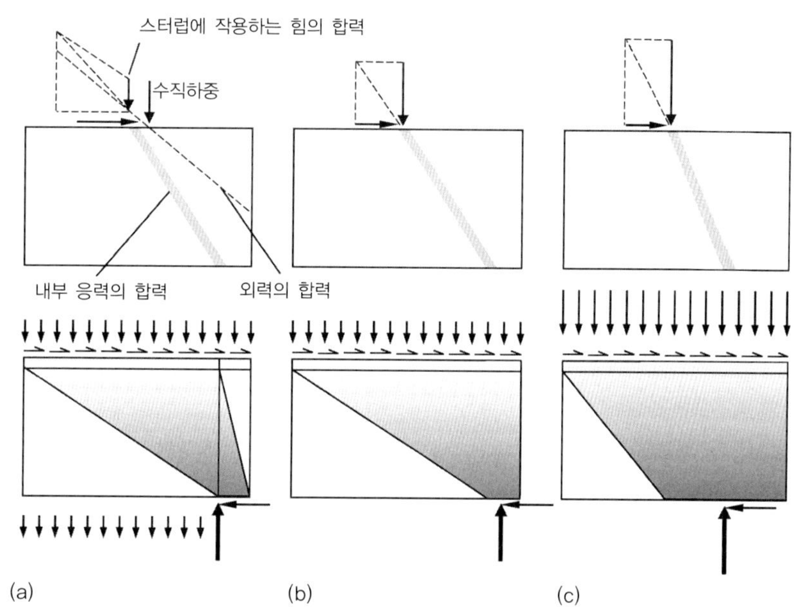

그림 2-83 수직하중이 있는 전단벽

이제 일반적인 전단벽의 설계방법에 대해 알아보자. 대부분의 벽체에는 풍하중이나 지진하중과 같은 횡하중과 연직하중이 동시에 작용한다. 그림 2-82는 전단력만 작용하는 벽체를 보여준다. 벽체 전체에 걸쳐 분포되어 있는 수직철근이 있는 경우, 그림 2-82c와 같이 상부의 경계면에서 수평철근이 필요하다.

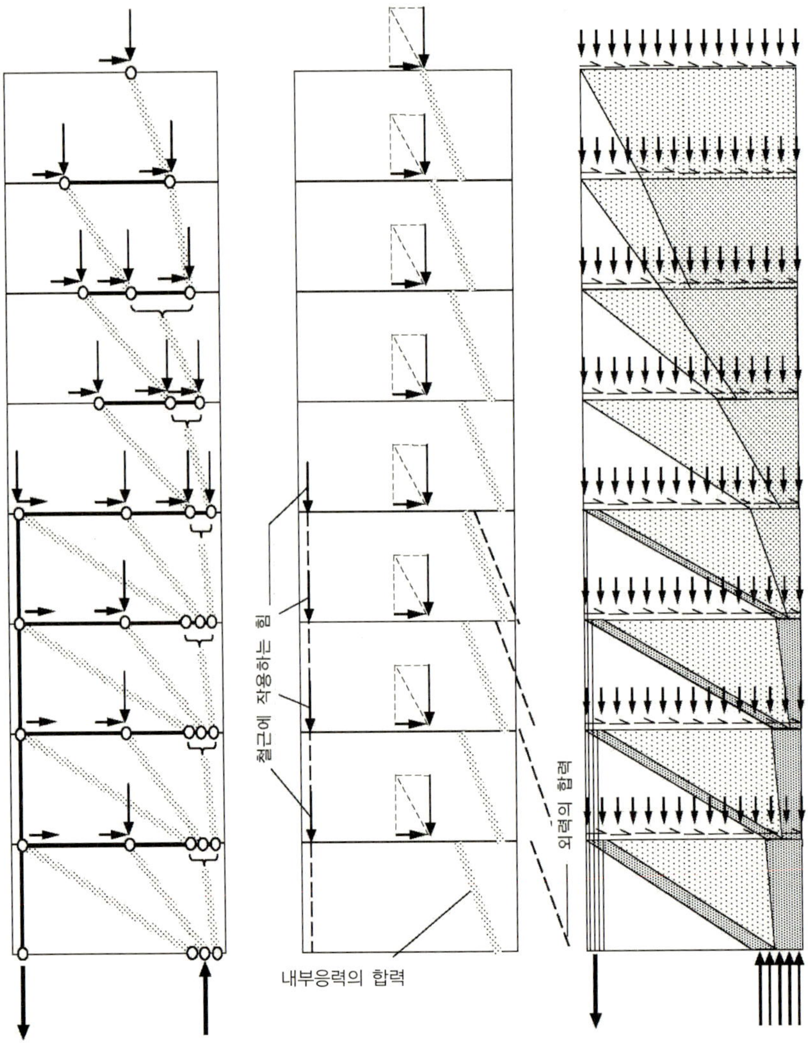

그림 2-84 다층 전단벽체의 내부응력도 합력과 응력장

그림 2-83과 같이 수직철근은 수직하중의 전부 혹은 일부를 상쇄시킬 수 있다. 그림 2-83b는 수직철근이 불필요한 경우의 하중상태를 나타낸다. 아래쪽 가장자리 외력의 위치는 콘크리트강도가 전부 발휘되는 영역으로 결정된다. 그림 2-83a의 벽체에서는 수직철근의 도움에 의해 힘의 평형조건을 만족시킬 수 있다. 그림 2-84와 같이 다층 전단벽체에도 유사하게 해석할 수 있다.

그림 2-85에서 개구부가 있는 벽체처럼 불규칙적인 형상이나 하중을 받는 벽체의 경우에도 같은 방식으로 다룰 수 있다.

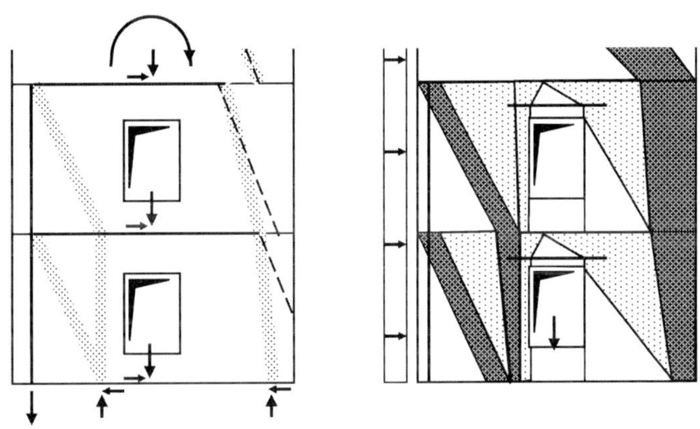

그림 2-85 개구부가 있는 다층벽체에서의 합력과 응력장

2.9.2 격막

비틀림을 받는 부재에서 하중과 지지력은 2.4절과 같이 격막의 거동으로 설명할 수 있다. 그림 2-86은 응력장과 그 합력으로써 격막의 내부응력분포를 보여준다.

길이방향 벽체와 격막 벽체 사이에서 응력이 경계면을 따라 전달되면, 그림 2-86의 스트럿은 압축장으로 대체될 수 있다. 그림 2-87은 순수 비틀림모멘트가 작용할 때 적절한 응력장을 보여준다.

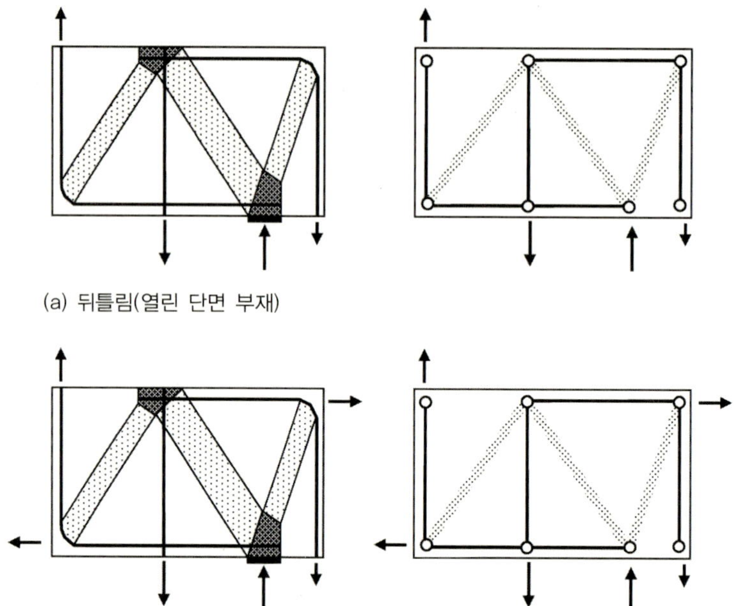

(a) 뒤틀림(열린 단면 부재)

(b) 비틀림(닫힌 단면 부재)

그림 2-86 격막의 하중전달과 응력장

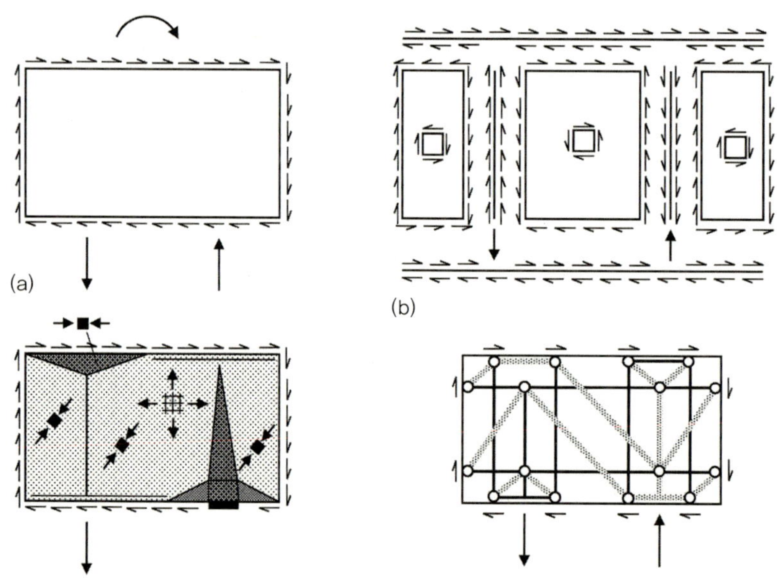

(a)

(b)

(c)

(d)

그림 2-87 비틀림이 작용하는 응력장

휨모멘트와 전단력이 비틀림과 조합되어 작용하는 경우는 그림 2-88과 같은 형태의 응력장을 만들 수 있다.

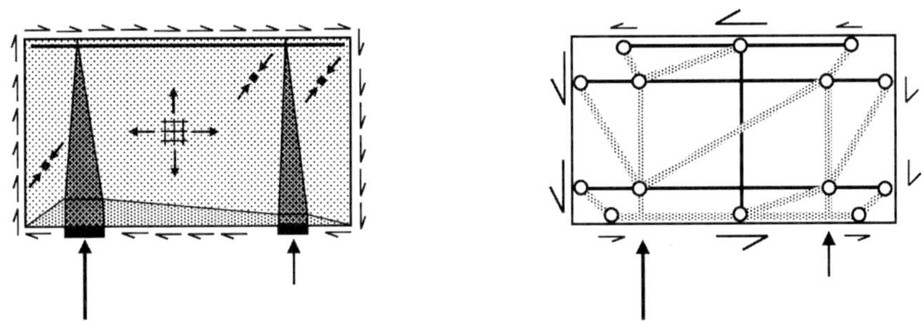

그림 2-88 휨, 전단력, 비틀림이 조합된 응력장

그림 2-89에서와 같이 격막벽체의 중간에 개구부가 있으면, 개구부 주변의 응력분포가 국부적으로 변경된다. 이 경우 철근의 인장력이 불연속선을 따라 작용되고 철근은 충분히 정착되어야 한다.

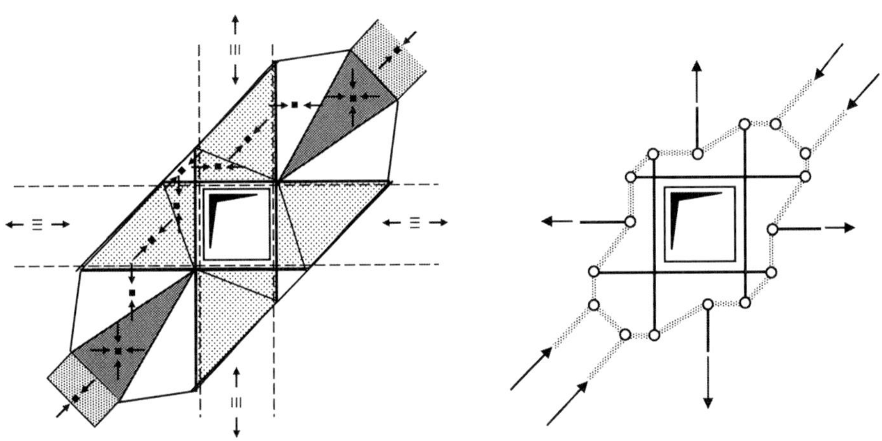

그림 2-89 개구부 주변에서의 응력장과 내부합력

2.10 3차원 예제

전형적인 2차원의 평면 응력장뿐만 아니라 3차원의 임의의 구조부재에 대한 응력장을 살펴보자. 그림 2-90은 3개 말뚝 위에 있는 수직하중이나 편심하중을 받는 말뚝캡을 나타낸다. 스트럿의 기울기는 이 경우 기둥을 말뚝에 직접 지지할 수 있을 정도로 크기 때문에 수직방향 전단철근은 필요하지 않다. 그리고 그림 2-90c와 2-90d에 예시되어 있는 수평철근은 충분히 정착되어야 한다.

보의 경우, 지나치게 얕은 대각선 방향의 스트럿 선정은 균열을 유발할 수 있기 때문에 지양해야 한다.

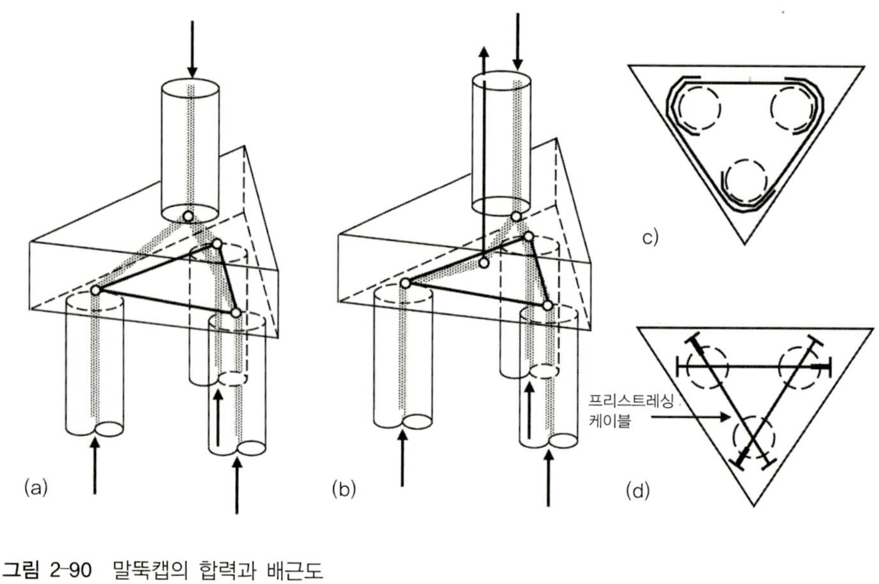

그림 2-90 말뚝캡의 합력과 배근도

3

| 재료의 특성과 강도 |

3.1 철근

일반적인 철근의 응력-변형률 관계는 그림 3-1a와 같다.

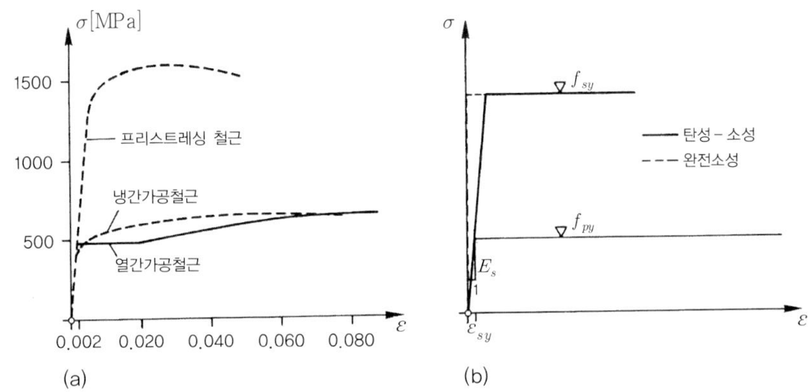

그림 3-1 실제 응력-변형률 관계와 단순화된 응력-변형률 관계

일반적으로 철근의 응력-변형률 곡선은 세 가지 영역으로 구별된다.

- 탄성영역(인장응력에 따라 원자 간격이 커지는 구역)
- 소성영역의 전위붕괴기구(dislocation)에 따른 결정구조의 변형
- 변형률 경화영역(위의 현상이 동시에 일어나는 경우)

실용적인 설계목적상 단순화된 응력-변형률의 관계를 이용하며 그림 3-1b와 같다. 소성영역에서 항복강도 ε_{sy}에 비해 매우 큰 변형이 발생하기 때문에 소성이론을 이용할 수 있다. 만약 철근이 축방향으로만 하중을 받는다고 가정하면 철근항복을 의미하는 3축 응력상태는 일반적으로 불필요하다.

3.2 콘크리트

콘크리트는 모든 방향에서 응력을 받기 때문에 다축응력상태를 나타내는 항복조건에 대해 살펴볼 필요가 있다. 비탄성 변형률은 콘크리트 결정구조의 변화 때문이 아니라 재료 내부구조의 점차적이면서도 비가역적인 손상에 의해 발생하기 때문에 콘크리트강도는 미세균열이나 재하순서, 철근과의 상호작용 등과 같은 여러 현상에 영향을 받는다.

엄밀히 말하면 이와 같은 특성을 가진 콘크리트 재료는 이상적인 소성특성을 가진다고 할 수 없지만 유효압축강도인 f_{ce}을 적용한다면 일반적으로 소성이론 적용이 가능하다. 또한 콘크리트가 파괴되기 전에 철근이 항복되도록 설계된 구조부재의 경우 f_{ce}의 값은 상대적으로 파괴하중에 적은 영향을 미친다.

3.2.1 1축 응력상태

1축 응력상태의 콘크리트 요소로는 보와 평판, 기둥의 압축영역과 전단벽 또는 형상비가 작은 부재의 대각선 압축스트럿을 들 수 있다. 1축 하중을 받는 원주나 각주

공시체의 중앙부분은 1축 응력상태로 볼 수 있다. 그림 3-2는 3종류의 콘크리트를 변위제어방식으로 실험했을 때의 응력-변형률 관계이다.

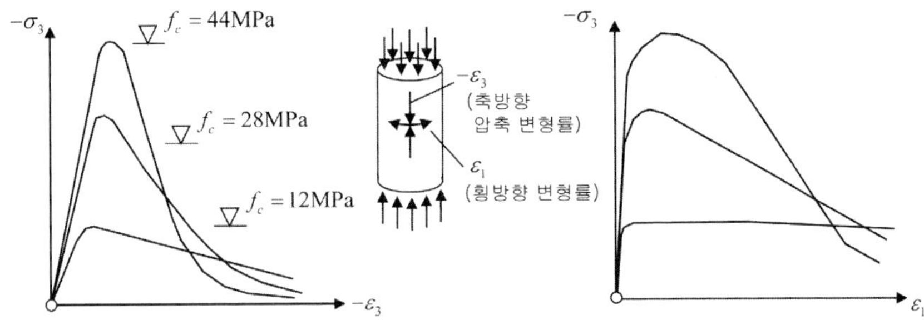

그림 3-2 1축 압축력을 받는 콘크리트공시체의 응력과 축방향 및 횡방향 변형률

이 응력-변형률 곡선은 다음과 같은 세 영역으로 나눌 수 있다.

- 준탄성영역($0 \leq |\sigma_3| \leq 0.8f_c$) : 이 영역에서는 골재와 시멘트 사이에 미세균열이 발생하여 완전한 선형탄성거동을 하지 못하게 된다. 횡방향과 축방향 변형률의 비(푸아송비)는 이 영역에서 0.15로 일정하다고 할 수 있다.
- 큰 횡방향 변형률의 경화영역($0.8f_c \leq |\sigma_3| \leq f$) : 그림 3-3에서와 같이 골재와 시멘트 사이에서 시작된 미세균열이 하중재하방향과 평행하게 진전된다. 축방향 압축률과 횡방향 변형률 모두 선형관계를 벗어나 증가한다.
- 큰 횡방향 변형률의 연화영역 : 수직균열에 의해 콘크리트가 쪼개져 일부 조각들은 불안정한 상태이다. 변형이 증가함에 따라 응력은 감소한다.

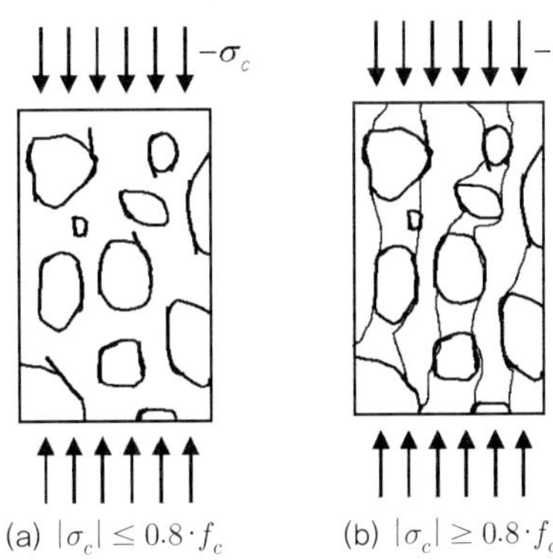

그림 3-3 공시체 시험에서 볼 수 있는 균열의 진전

소성이론에 따라 구조체의 파괴하중을 결정하기 위해서는 콘크리트압축강도를 유효값 f_{ce}로 낮추어야 한다. 강도저감은 그림 3-4에서와 같이 구조시스템의 종류에 따라 결정된다. 예를 들어, 그림 3-4a의 정정구조물은 하중이 공시체 강도에 도달해야 파괴되기 때문에 f_{ce}는 f_c의 값과 같다.

그림 3-4b의 부정정구조물에서 부재는 각각의 강도에 동시에 도달하지 않고, 전체 구조시스템의 변형이 진행됨에 따라 순차적으로 각각의 강도에 도달한다. 따라서 시스템의 파괴하중은 각 부재의 파괴하중을 합한 것으로 구할 수 없고, 콘크리트강도를 감소시킨($f_{ce} \le f_c$) 소성이론에 따라 구할 수 있다.

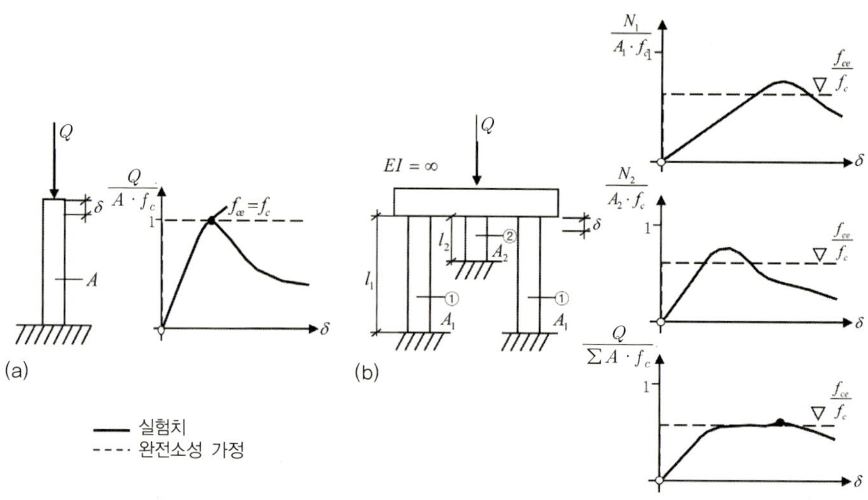

그림 3-4 정정구조물과 부정정구조물에서의 거동과 강도

이러한 감소치는 구조시스템의 특성(그림 3-4b의 예제에서는 A_1/A_2, l_1/l_2)과 같이 실린더 강도 f_c에 의해 결정된다. 그림 3-2에서와 같이 공시체강도가 증가함에 따른 취성 증가현상은 고강도콘크리트일수록 강도를 크게 감소시킴으로써 반영할 수 있다. 일반적인 구조시스템의 경우 다음과 같은 값을 적용할 수 있다.

$$f_{ce} = f_c \qquad \text{for} \qquad f_c \le f_{co} = 20\text{MPa} \qquad (3.1)$$

$$f_{ce} = f_{co} \cdot (f_c / f_{co})^{2/3} \qquad \text{for} \qquad f_c > f_{co} = 20\text{MPa} \qquad (3.2)$$

Exner [17]에 의해 이론적으로 비슷한 관계가 도출된 바 있다.

$$f_{ce} = 3.2 \cdot f_c^{1/2} \qquad (f_{ce},\ f_c\text{는 [MPa]}) \qquad (3.3)$$

이러한 관계식들은 구조물 파괴시 상당한 크기의 변형률이 발생하는 부재가 있는 경우에 유효하지만 극단적인 경우 콘크리트강도를 더욱 감소시키거나 변형이 적게 발생한 부재의 강도를 무시할 수도 있다.

3.2.2 3축 응력상태

그림 3-2의 부재에 부가적인 횡방향 압축이 가해지는 경우, 앞서 설명한 균열의 확장현상은 저지된다. 그러한 하중을 받는 콘크리트 부재의 거동은 그림 3-5와 같다. 횡방향 압축은 외력을 가하거나 나선형 철근 등을 이용하여 횡방향 변형을 구속시키는 방법으로 구현 가능하다.

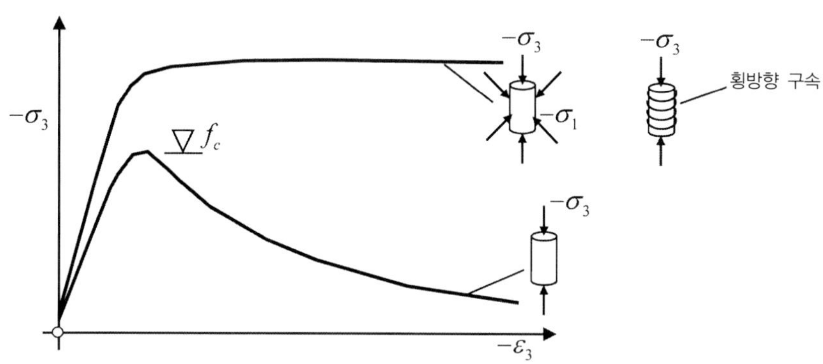

그림 3-5 압축과 3축 압축을 받는 응력-변형률 관계

강도의 증가는 모어–쿨롱의 가설에 의해 설명할 수 있다(그림 3–6 참조).

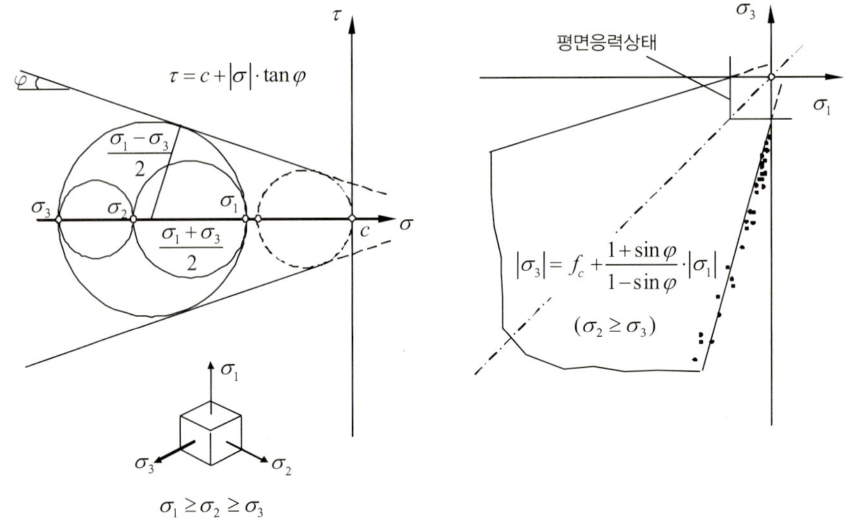

(a) 모어의 원　　　(b) 주응력 좌표공간에서의 그래프와 실험결과[18]

그림 3–6 모어–쿨롱의 가설에 따른 항복조건

그림 3–6b의 실험결과와의 비교에서 알 수 있듯이 변수 φ는 37°로 가정할 수 있으며, 이 때 정수압상태에 의한 강도의 증가는 $\Delta f_{ce} = 4 \cdot |\sigma_1|$이다.

그림 3–5에서 알 수 있듯이 횡방향 구속은 강도뿐만 아니라 연성도 증가시킨다. 이러한 현상은 파괴과정이 횡방향 구속이 없는 경우와 다르기 때문에 발생한다. 1축 압력상태의 경우에는 길이방향의 쪼개짐현상에 의한 불안정 때문에 파괴가 일어나지만, 큰 횡방향 구속이 있는 경우에는 주로 경사진 파괴면(그림 3–7 참조)을 따라 미끄러짐이 발생하면서 파괴가 시작된다.

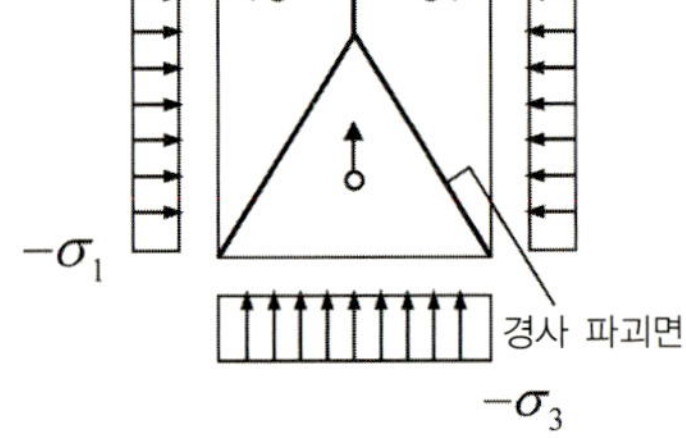

그림 3–7 횡방향 구속상태의 파괴기구

연성의 증가는 Δf_{ce}의 증가분만큼 순수연성거동이 증가한다는 가정하에 계산할 수 있으므로 다음과 같은 관계가 성립한다.

$$f_{ce} = f_c + 4 \cdot |\sigma_1| \qquad \text{for} \quad f_c \le f_{co} = 20\text{MPa} \tag{3.4}$$

$$f_{ce} = f_{co} \cdot (f_c / f_{co})^{2/3} + 4 \cdot |\sigma_1| \qquad \text{for} \quad f_c > f_{co} = 20\text{MPa} \tag{3.5}$$

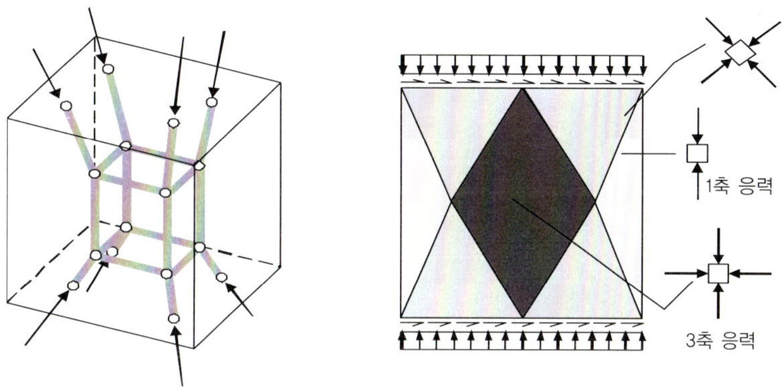

그림 3-8 내부 힘과 응력장의 도식적 표현

콘크리트 입방체 공시체시험에서는 하중을 받는 면에서 횡방향 변형률의 존재로 상대적으로 복잡한 3차원 응력상태가 발생한다(그림 3-8 참조). 이러한 이유로 입방체 공시체시험에서 얻어진 강도는 $f_{ce}(f_{cw} \approx 1.25 f_c)$보다 크기 때문에 1축 응력상태를 표현한다고 볼 수 없다.

국부적으로 큰 응력을 받는 영역에서도 이와 비슷한 거동을 발견할 수 있는데, 이때 응력을 받는 영역의 크기와 횡방향 크기는 거의 같아야 한다. 이 경우 응력을 받는 영역변형률이 주변의 응력을 받지 않는 영역에 의해 구속되는 현상이 발생한다(그림 3-9 참조). 여기에 추가로 만약 스터럽이 존재한다면 콘크리트강도는 f_c보다 훨씬 클 수 있다.

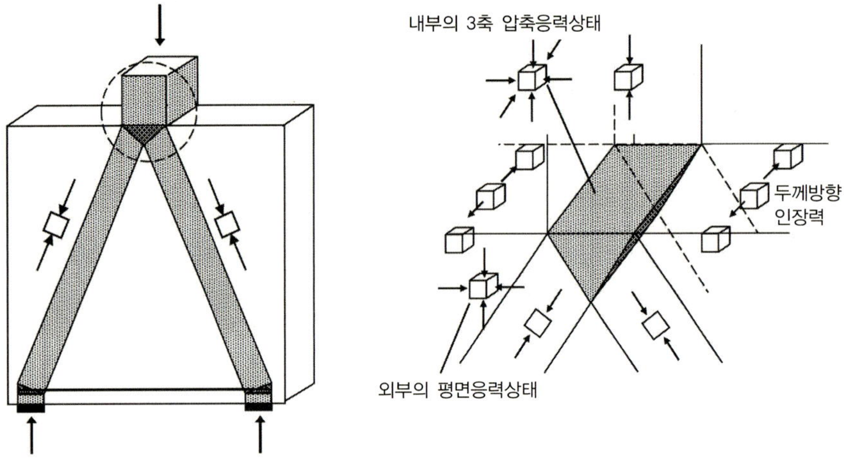

그림 3-9 국부적으로 가력된 영역에서의 제한된 횡방향 변형률

3.2.3 균열이 있는 콘크리트

2장에서 논의한 바 있는 콘크리트의 1축 압축응력장에 인장철근이 늘어나면서 생기는 변형률에 의해 발생하는 응력장을 추가로 더하는 경우가 있다. 그림 3-10에서와 같이 압축응력장에 직각으로 철근이 가로지르는 경우가 한 예이다.

철근의 변형은 콘크리트의 균열을 가져오는데, 1축 응력하에서 콘크리트의 횡방향 변형 때문에 변형률 연화현상이 발생하는 것과 비슷한 결과를 가진다.

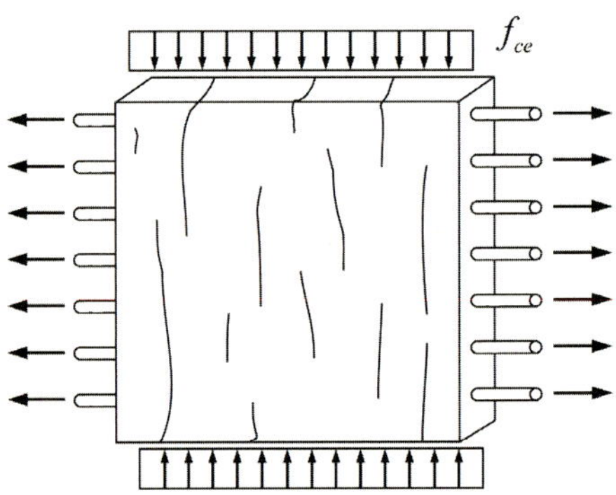

그림 3-10 횡방향 철근이 인장력을 받을 때 콘크리트의 압축응력장

그림 3-11은 횡방향 철근의 존재 여부에 따라 콘크리트의 응력변화를 횡방향 변형률의 함수로 나타낸 것이다. 완전소성 가정하에서의 소성설계법으로는 변형 정도를 알 수 없기 때문에 이 관계는 f_c보다 작은 유효강도 f_{ce}에 의해 간접적으로만 설명할 수 있다. 따라서 콘크리트의 거동은 이상적인 소성거동이 아님을 알 수 있다.

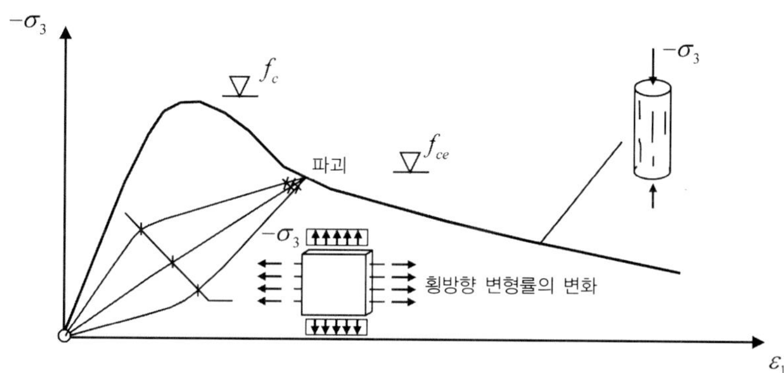

그림 3-11 횡방향 변형률의 크기와 응력-변형률 곡선의 관계

각기 다른 값의 원주공시체 강도 f_c에 따른 응력-변형률 곡선의 비교(그림 3-2 참조)에서 명확히 알 수 있듯이 주어진 횡방향 변형률 ε_1에 대한 f_{ce}/f는 원주공시체의 강도 f_c에 따라서도 차이가 난다.

작은 횡방향 변형률($\varepsilon_1 < 3\%$)의 경우 횡방향 철근이 있는 콘크리트 압축응력장에 대해 다음의 값을 적용할 수 있다.

$$f_{ce} = 0.8 \cdot f_c \qquad : \quad f_c \le f_{co} = 20\text{MPa} \tag{3.6}$$

$$f_{ce} = 0.8 \cdot f_{co} \cdot (f_c / f_{co})^{2/3} \qquad : \quad f_c > f_{co} = 20\text{MPa} \tag{3.7}$$

횡방향 철근이 콘크리트 압축응력장과 수직이 아닌 경우에는 균열확장시 그림 3-12에서와 같은 변형률 연화현상이 추가로 발생한다.

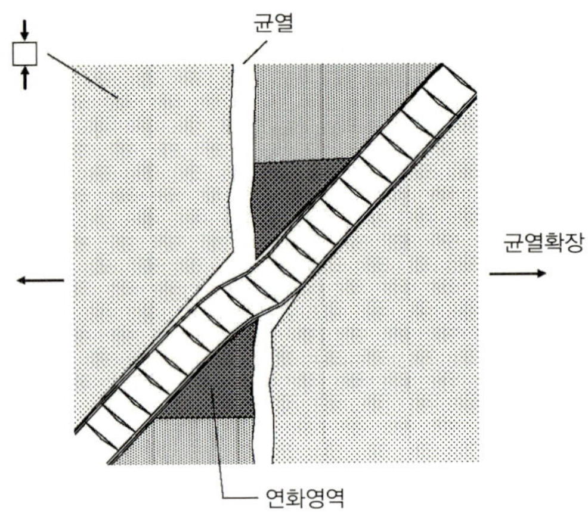

그림 3-12 균열이 확장될 때 콘크리트와 철근의 상호작용

철근의 횡방향 휨에서 비롯된 횡방향 인장응력 때문에 콘크리트 피복의 파괴시점에 심한 탈락을 가져오게 된다. 이 경우에는 일반적으로 다음과 같은 값을 적용한다.

$$f_c \leq \, = f_{co} = 20\text{MPa} \qquad f_{ce} = 0.6 \cdot f_{co} \tag{3.8}$$

$$f_{ce} = 0.6 \cdot f_{co} \cdot (f_c/f_{co})^{2/3} \quad \text{for} \quad f_c > f_{co} = 20\text{MPa} \tag{3.9}$$

참고문헌 [19]에 실험결과와의 비교가 수록되어 있다.

3.2.4 균열에서의 골재 맞물림 현상

재하이력과 내부 힘의 재분배로 인해 이미 발생한 균열 사이로 힘이 전달되는 경우가 발생하는데, 만약 콘크리트 압축응력장이 균열면에 비스듬하다면 이 힘의 전달은 이른바 골재 맞물림 작용에 기인한다.

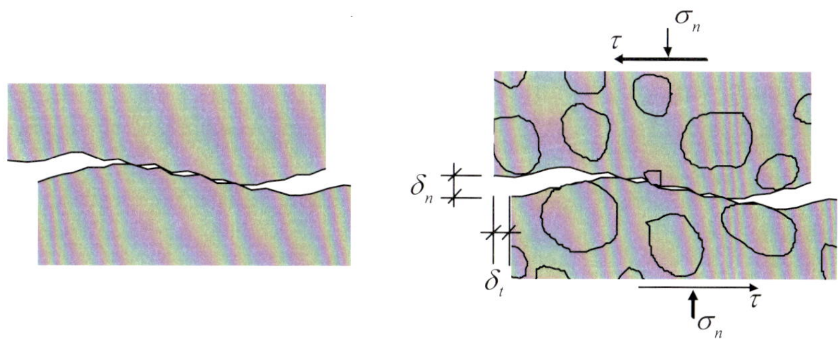

그림 3-13 (a) 거시적 맞물림(균열형태) (b) 미시적 맞물림(골재 맞물림)

작은 균열틈(δ_n)에 비해 균열방향으로 충분히 큰 변위(δ_t)가 발생한 경우에는 미시적인 골재 맞물림 작용이 전체 균열구간에 작용하는 반면에(그림 3-13b 참조), 균열틈이 큰 경우에는 힘의 전달이 오직 국부적 영역에서 거시적인 맞물림 작용을 통해 이루어진다(그림 3-13a 참조).

일반적으로 실용적인 설계에서는 철근에 의해 균열폭이 작게 유지되는 경우에만 파괴상태에서도 내부 힘이 전달될 수 있다고 보증할 수 있다.

지금까지 논의한 콘크리트의 유효강도 f_{ce}를 요약하면 그림 3-14와 같다.

하중의 종류		유효강도 f_{ce}		적용 분야
		$f_{ce} \le f_{co} = 20\mathrm{MPa}$	$f_{ce} \ge f_{co} = 20\mathrm{MPa}$	
비균열상태 (횡방향 압축력 또는 횡방향 구속)	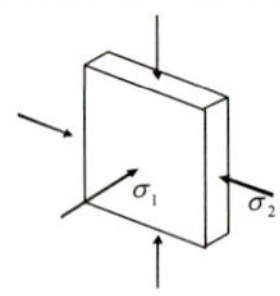	$f_c + 4\lvert\sigma_1\rvert$	$f_{c0}\left(\frac{f_c}{f_{c0}}\right)^{\frac{2}{3}} + 4\lvert\sigma_1\rvert$	- 3축 압축 - 횡방향 구속(집중하중이 가해지는 영역, 나선형철근이 있는 기둥
비균열상태 (1축 압축)	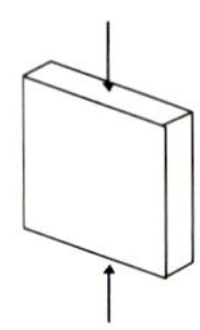	f_c	$f_{c0}\left(\frac{f_c}{f_{c0}}\right)^{\frac{2}{3}}$	- 순수압축(기둥, …) - 휨, 휨 + 축하중(보와 슬래브) - 벽체
축방향 균열상태(1축 압축, 횡방향 변형)	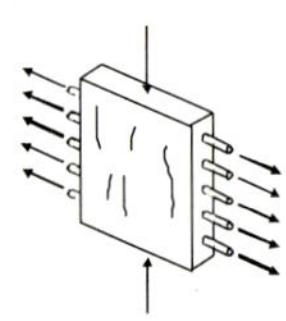	$0.8f_c$	$0.8f_{c0}\left(\frac{f_c}{f_{c0}}\right)^{\frac{2}{3}}$	- 벽체 - 횡방향 변형이 있는 보 - 슬래브
축방향 균열상태(1축 압축, 대각선 변형)	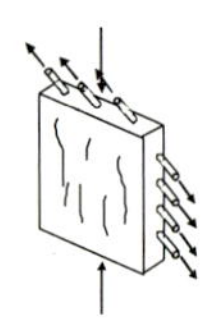	$0.6f_c$	$0.6f_{c0}\left(\frac{f_c}{f_{c0}}\right)^{\frac{2}{3}}$	- 전단과 비틀림이 작용하는 보 - 벽체 - 큰 비틀림 모멘트를 받는 슬래브
구속 없는 큰 균열	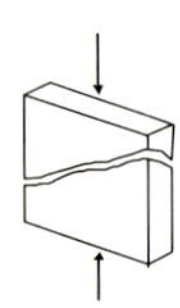	소성이론 적용 불가 4장 참조		- 최소철근량을 충족시키지 못한 벽체와 보 - 큰 전단력을 받는 슬래브(뚫림전단)

그림 3-14 콘크리트 유효강도

3.3 철근과 콘크리트 사이의 힘 전달

철근과 콘크리트 사이에서 힘의 전달이 이루어지지 않으면 곧바로 취성적인 거동으로 이어지므로 설계시 이러한 유형의 파괴가 발생하지 않도록 해야 한다.

이 절에서는 설계목적을 위한 정량적인 정보를 제공하기 보다는 힘의 전달 붕괴기구와 강도에 영향을 미치는 중요한 요소에 관해 정성적으로 설명하고자 한다.

3.3.1 철근의 정착

하중이 작은 경우 철근과 콘크리트 사이에서 전단력의 전달은 주로 부착작용(분자결합과 미시적 맞물림)을 통해서 이루어진다. 작용하중의 크기가 부착강도를 초과한 후에는 철근의 마디를 통해 힘의 전달이 이루어진다. 파괴상태에서 내부 힘의 분포를 설명하기 위해 T형보의 압축플랜지에 형성되는 응력장을 그대로 또는 약간 변화시켜 적용할 수 있다.

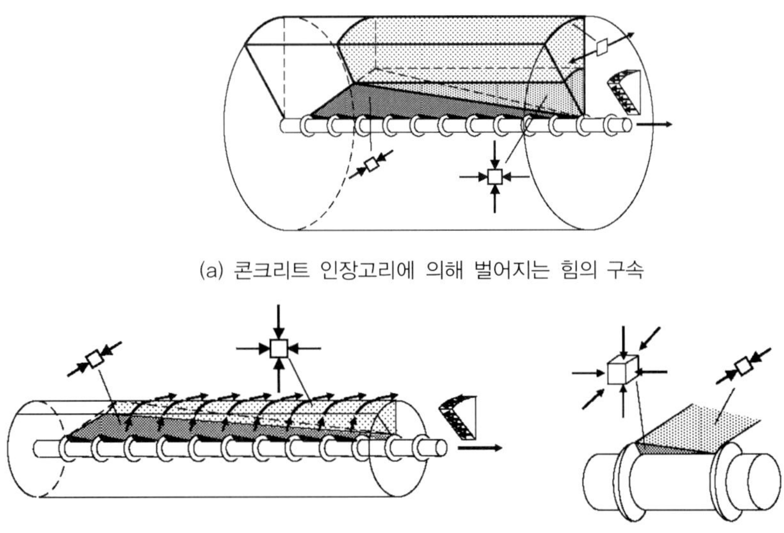

(a) 콘크리트 인장고리에 의해 벌어지는 힘의 구속

(b) 철근에 의해 벌어지는 힘의 구속 (c) 상세

그림 3-15 정착영역에서의 응력상태를 설명하기 위한 응력장

이러한 방법으로 얻어진 축방향 대칭 응력장은 실제 응력장을 단순화시킨 것이다. 그림 3-15a를 보면 대각선 압축응력장이 고리형태의 콘크리트 인장응력장에 의해 형성되는 것을 알 수 있으며, 그림 3-15b에서는 원형 또는 나선형 철근이 그 역할을 담당하고 있다.

콘크리트 인장고리가 인장파괴되거나 나선형 철근이 항복하게 되면 조기부착파괴가 발생한다. 철근 표면 근처의 대각선 콘크리트 압축응력장은 3축 응력상태이기 때문에 파괴에 주된 영향을 미치지는 않는다.

나선철근이 없는 경우에 파괴하중은 콘크리트 인장강도와 콘크리트 인장고리의 두께뿐만 아니라 정착길이에도 영향을 받는다. 그림 3-15a의 응력장을 이론적으로 유도해보면 부착강도와 콘크리트 인장고리의 두께(피복두께) 사이에 선형관계가 있음을 알 수 있다. 그림 3-16의 그래프(참고문헌 [20, 21, 22]의 실험결과)를 보면 이러한 사실을 확인할 수 있다.

만약 인장고리 영역에 균열이 존재하면 이는 부착강도를 저하시킨다.

그림 3-16에서 부착강도는 $\tau_0 = f_c$에 의해 표준화된다. τ_0를 f_c의 비선형함수로 정의하면 그래프상 점의 흩어진 정도는 감소된다.

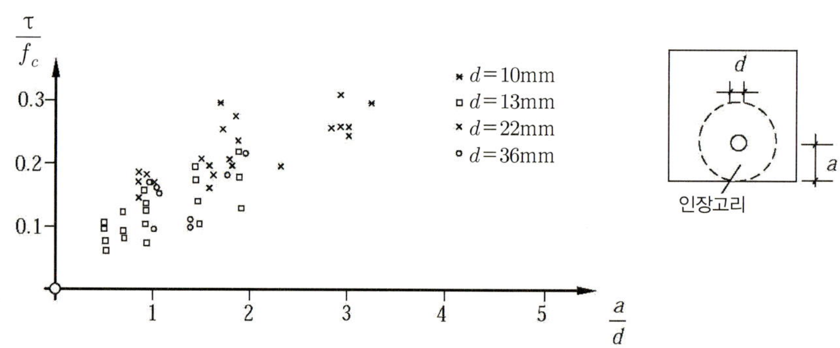

($\tau = N_s / \pi \cdot d \cdot l$, N_s =철근에 작용하는 힘, l =정착길이)

그림 3-16 부착강도와 피복두께의 관계, 참고문헌 [20, 21, 22]의 실험결과

부착영역을 둘러싸고 있는 철근이나 구속력은 부착강도에 같은 효과를 준다. 나선형 철근이 최대한의 능력을 발휘하기 위해서는 정착영역으로부터 충분한 거리가 확보되어야 하지만 일반적으로 횡방향 철근은 정착되어야 하는 철근과 맞닿아 있는 콘크리트의 겉표면 주위에 배근되기 때문에 축방향 대칭인 응력장이 형성될 수 없다. 이러한 경우에는 그림 2-38에서 T형보의 압축플랜지에서 힘의 분배를 나타내는데 사용되었던 응력장을 적용할 수 있다(그림 3-17 참조).

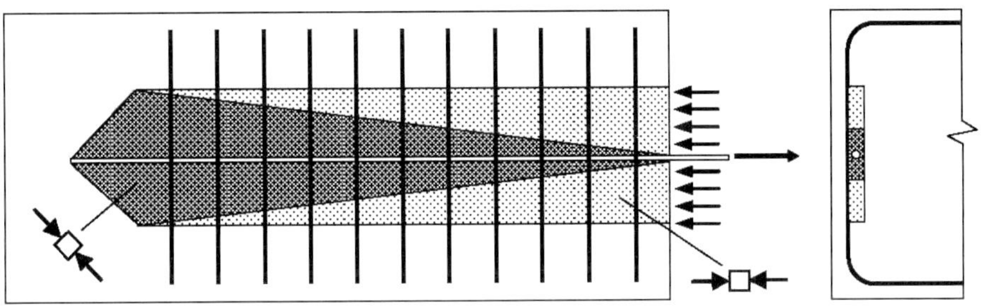

그림 3-17 정착영역의 평면응력장

그림 3-18은 횡방향 철근량과 부착강도의 관계를 나타낸 실험결과 [23]이다. 횡방향 철근이 배근된 경우 경사진 압축응력장에서의 콘크리트강도가 중요한 변수이다.

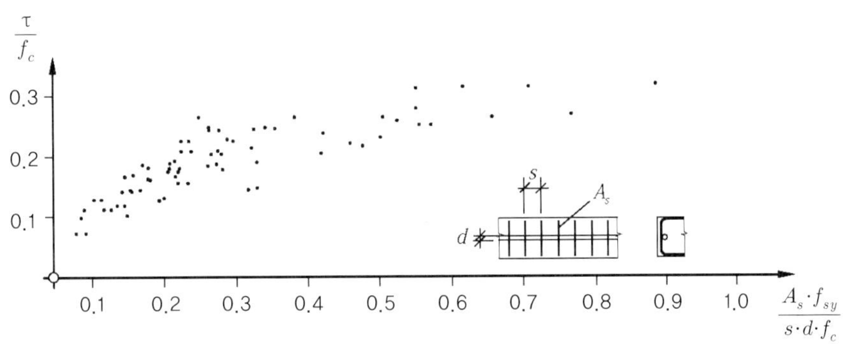

그림 3-18 횡방향 철근량에 따른 부착강도

3.3.2 철근 겹침이음

철근 겹침이음 구간에서의 응력상태는 그림 3-19의 응력장을 이용하여 설명할 수 있다. 2개의 철근 사이에 대각선방향의 응력장이 형성되고 고리형태의 콘크리트 인장응력장(그림 3-19a) 또는 나선형 철근에 의해 횡방향으로 구속되어 어느 경우나 3축 응력상태를 갖게 된다. 그러나 횡방향 철근이 콘크리트 표면 근처에 배근되고 이음철근과 맞닿아 있는 경우, 응력상태는 그림 3-19b에서의 평면 응력장과 일치한다.

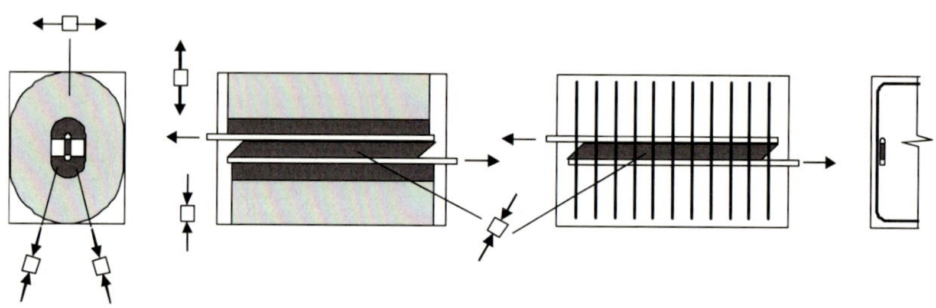

(a) 콘크리트 인장고리가 형성된 응력장 (b) 평면 응력장

그림 3-19 이음 부위에서의 응력장

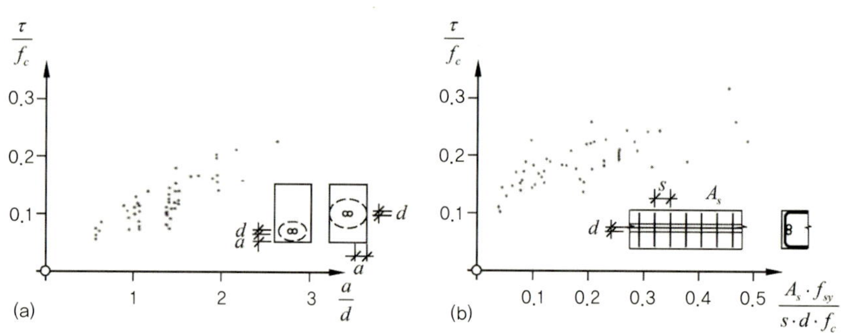

그림 3-20 피복두께(a)와 횡방향 철근량(b)의 변화에 따른 겹침이음 철근의 부착강도 [24, 25, 26, 27, 28, 29, 30]의 실험결과

그림 3-20a에서 알 수 있듯이 철근의 정착에서와 마찬가지로 횡방향 철근이 없는 겹침이음의 경우에 그 파괴하중은 콘크리트 인장고리의 두께, 즉 피복두께의 영향을 가장 크게 받으며, 그밖의 변수로는 겹침길이와 콘크리트강도를 들 수 있다. 또한 횡

방향 철근이 있는 경우에도(그림 3-20b) 횡방향 철근량이 부착강도에 미치는 영향은 철근정착에서의 경향과 유사하다.

3.3.3 힘의 방향변화

절점영역에서 콘크리트 스트럿의 압축력과 철근의 인장력이 평형을 이루도록 상세설계하는 법은 이미 2장에서 다룬 바 있다. 이번 절에서는 그림 3-21의 2가지 전형적인 절점영역에 대해 그 구조적 거동과 강도를 살펴보도록 한다.

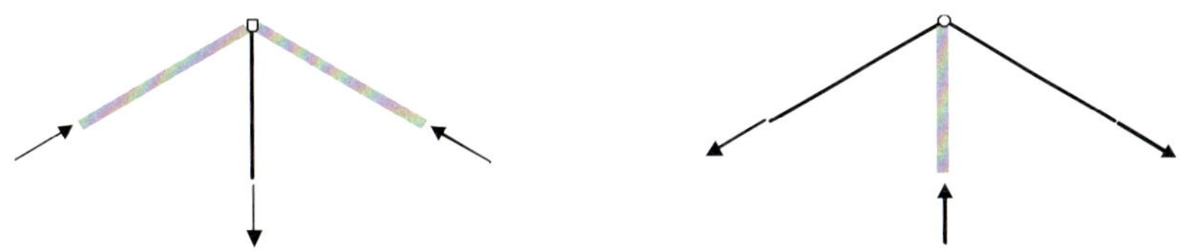

(a) (b)

그림 3-21 절점에서 힘의 흐름

그림 3-21a의 절점에 작용하는 콘크리트 스트럿의 압축력은 철근의 인장력과 평형을 이루기 위해 경사진 방향을 갖는다. 이때 철근배근에 주어진 공간의 정도에 따라 절점의 안쪽 또는 바깥쪽에서 철근의 인장력이 발현될 수 있다(그림 3-22 참조).

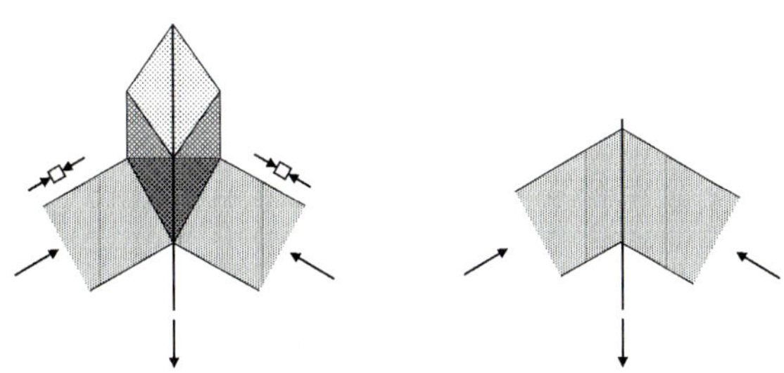

(a) 절점 바깥쪽 (b) 절점 안쪽

그림 3-22 철근과 콘크리트 사이의 힘 전달

경사진 스트럿의 압축력 전달에 관한 두 가지 방법은 이미 2장(그림 2-8)에서 소개했다. 첫 번째 경우, 콘크리트와 철근 사이에서의 힘이 절점영역 바깥쪽에서 이루어지는데, 이때의 구조적 거동과 강도는 정착된 철근의 경우와 유사하게 다룰 수 있다.

반면에, 힘의 전달이 절점영역 안쪽에서 발생한다면, 이때의 구조적 거동은 철근의 배근 형태 및 절점 자체의 기하학적 형상에 영향을 받는다. 그림 3-23은 직선철근이 있는 단일 절점에서 내부 힘의 합력과 이때 가능한 파괴유형을 나타낸 것이다.

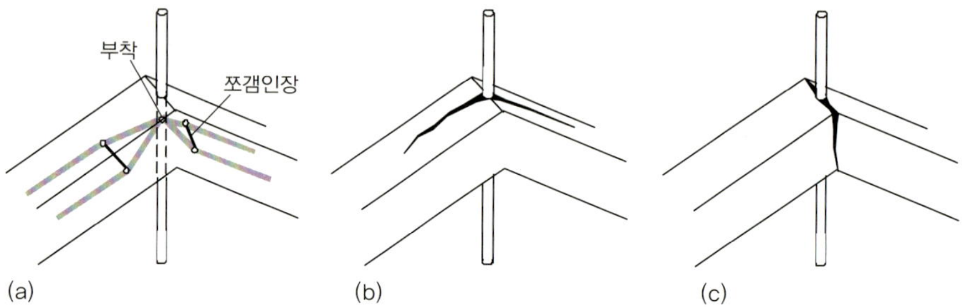

그림 3-23 내부 힘의 합력과 가능한 파괴유형

그림 3-23b의 파괴형태는 횡방향 인장력을 받는 영역에서의 파괴이다. 이 경우 강도는 횡방향 철근의 영향을 강하게 받고, 횡구속력이 존재한다면 그것의 영향 또한 받는다.

반면에 그림 3-23c에서와 같은 형태의 파괴는 콘크리트와 철근 사이의 부착강도가 파괴되는 것이다. 이때의 구조적 거동은 3.3.1에서 다룬 내용과 관계있다.

철근에 수직으로 작용하는 스트럿의 힘 성분은 구조적 거동에 유리한 횡방향 구속력을 발생시킨다. 이러한 관계는 그림 3-24에서 보이는 실험결과([31])에서 명확하게 알 수 있고 Hess[32]의 소성이론에 입각한 기하학적인 파괴 기구 방법으로 증명되었다.

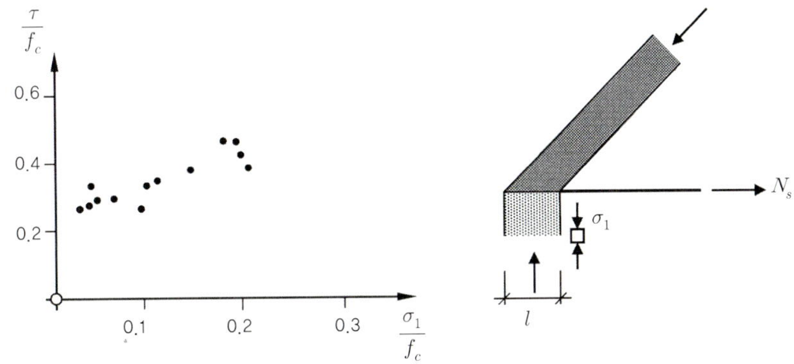

그림 3-24 횡방향 구속력이 부착강도에 미치는 영향($\tau = N_s/\pi \cdot d \cdot l$, d=철근 직경)

그림 3-25는 다른 방법으로 철근배근을 한 경우와 그에 따른 내부 힘의 분포를 보여준다.

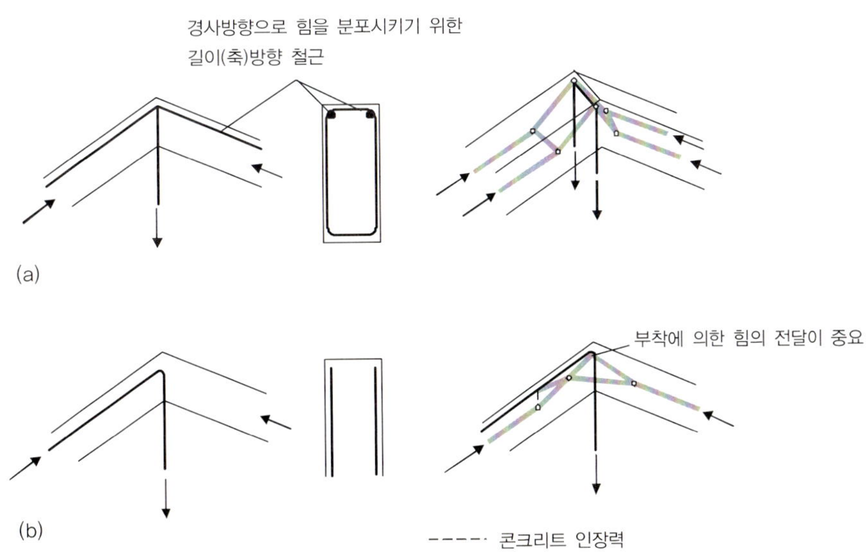

그림 3-25 철근배근과 그에 따른 내부 힘의 분포

그림 3-25a의 루프철근의 경우, 콘크리트와 철근 사이의 힘 전달은 주로 부착이 아니라 굽혀진 철근 부분의 경사방향 힘에 의해 결정된다. 이러한 힘은 상대적으로 집중하여 작용하기 때문에 그림 3-23c와 같은 파괴가 발생한다. 직경이 큰 철근을 사용하면 경사방향 힘을 넓게 분포시킬 수 있기 때문에 절점영역에서 콘크리트가 갈라지는 것을 방지할 수 있다.

굽힘 철근을 이용하여 정착시키면 굽혀진 쪽에 맞닿은 스트럿의 구조적 거동은 개선되지만, 다른 쪽 스트럿의 구조적 거동은 직선철근을 이용한 경우에 비해 불리하다 (그림 3-22b). 그림 3-25b를 보면 콘크리트와 철근 사이의 힘 전달이 주로 철근의 굽혀진 부분에서 발생하는데, 굽혀진 부분의 왼쪽에서는 경사방향의 압축력에 의해 아무 문제 없이 전달되지만 굽혀진 부분의 오른쪽에서는 굽혀진 철근 때문에 불리한 경사각을 갖는 콘크리트와 철근 사이의 부착에 의해 힘이 전달된다.

그림 3-25에서와 같은 방법을 사용했을 때 그 구조적 거동은 철근배근과 밀접한 관계가 있다.

그림 3-26은 위의 방법과 유사하지만 스트럿의 크기와 비교해서 큰 곡률반경을 갖도록 철근을 배근한 모습이다.

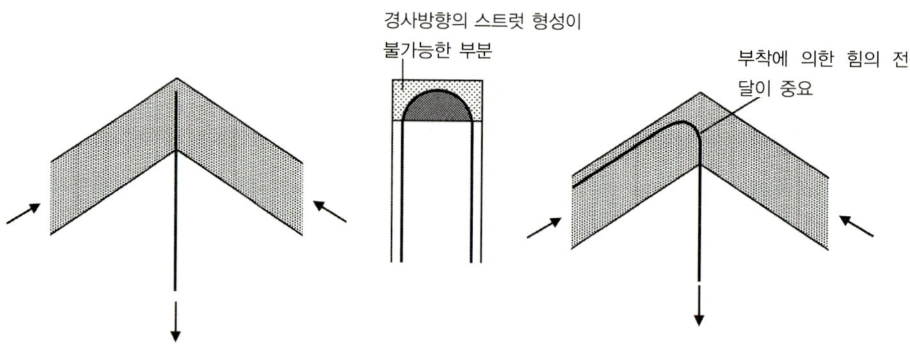

그림 3-26 큰 곡률반경을 사용하여 경사방향의 힘 전달이 어려운 경우

외부 압축, 내부 인장을 받는 골조접합부의 경우 스트럿 크기가 대부분 작기 때문에 위와 같은 철근배근으로는 하나의 집중된 힘으로 경사방향의 힘을 전달시킬 수 없고(2.7.2 참조) 오직 외부 정착판을 사용했을 때에만 가능하다.

이러한 상황은 그림 3-21b에서와 같이 두 인장력과 하나의 압축력이 만나는 절점에도 적용 가능하다. 좌우대칭인 절점에서 힘의 전달은 오직 힘의 분산에 의해서만 이루어진다. 그림 3-27은 내부 힘의 분포를 2장의 내용에 근거한 평면 응력장 및 3차원 묘사를 통해 보여주고 있다.

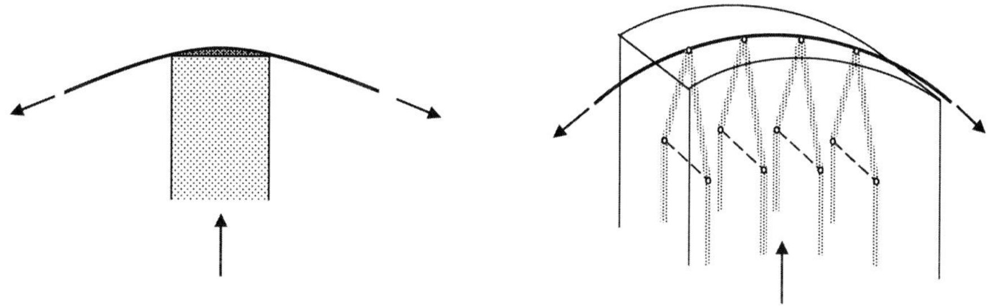

그림 3-27 평면 응력장과 힘의 합력

곡선철근의 바로 아래 영역은 명확히 3축 압축상태이다. 따라서 이 영역의 국부적 강도는 원주공시체 강도보다 크기 때문에 파괴의 주 원인은 압축력이 아니라 횡방향의 인장력에 의한 쪼개짐이다.

절점 연결부의 강도는 특히 횡방향의 콘크리트 인장 스트럿의 철근 피복두께에 의해 좌우되며, 이밖에도 존재 가능한 횡방향 철근이나 횡방향 구속력과도 관계가 있다.

그림 3-28의 그래프는 국부적인 콘크리트강도와 곡선철근의 피복두께 관계를 보여주는 실험결과([33])이다. 이 그래프를 보면 철근의 곡률반경 또는 콘크리트 피복두께에 의해 설계가 결정됨을 알 수 있다.

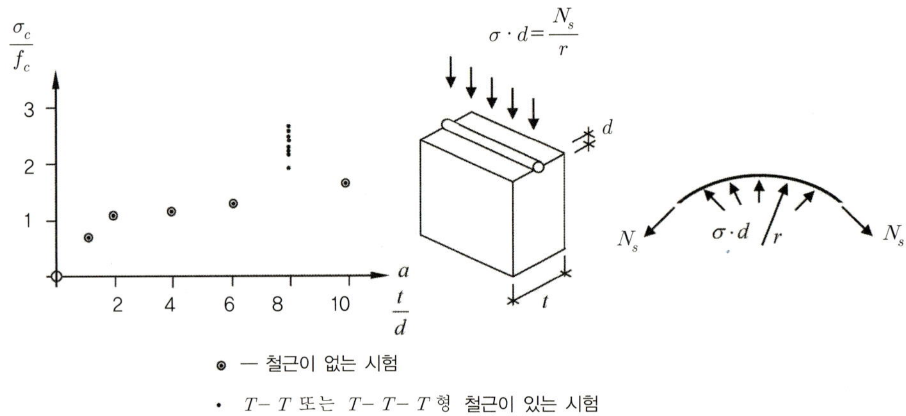

그림 3-28 콘크리트 피복두께의 영향

압축 스트럿과 인장타이가 비대칭으로 작용하는 절점에서 스트럿의 힘은 경사방향 힘과 철근의 부착응력에 각각 평형을 이루는 힘으로 분해될 수 있다(그림 3-29a). 절점영역에서의 부착강도가 충분치 않은 경우에는 절점에 인접한 영역에서 힘의 전달이 이루어져야 한다(그림 3-29b).

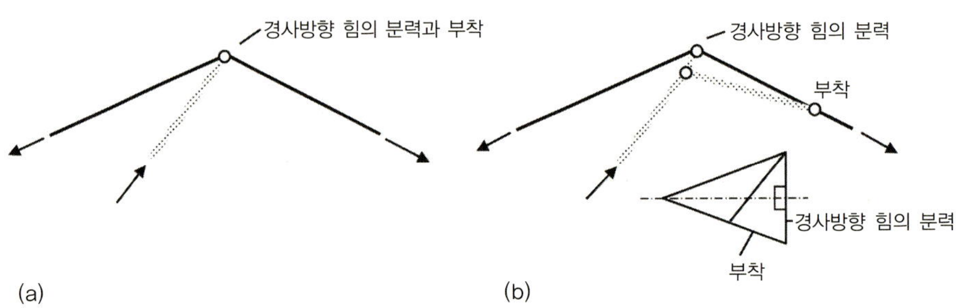

그림 3-29 힘의 전달

4

응력장에 관한 추가 고려사항

4.1 철근콘크리트의 소성설계에 관한 고찰

부정정구조물에서는 작용하중과 평형을 이루는 내부 힘의 분포가 여러 가지 존재할 수 있으므로 이 구조물의 올바른 구조적 거동을 보장하는 구조설계를 위해서는 추가적인 조건이 필요하다. 이러한 점을 설명하기 위해 부정정구조물의 거동을 살펴보기로 하자. 먼저 탄성설계법과 소성설계법을 비교한 후 각각의 방법으로 설계된 구조물의 작용하중 하에서의 거동 차이를 비교한다. 이러한 고찰을 통해 적합한 응력장 선택을 위한 기준을 정할 수 있다.

4.1.1 부정정 보의 거동

그림 4-1은 가능한 모멘트분포의 경우를 나타내는데, 설계를 위하여 어떤 경우든지 선택될 수 있다. 그러나 소성이론의 관점에서는 모든 경우가 요구되는 성능을 만족시킬 수 있지만 사용하중상태에서는 각기 다른 거동을 보인다.

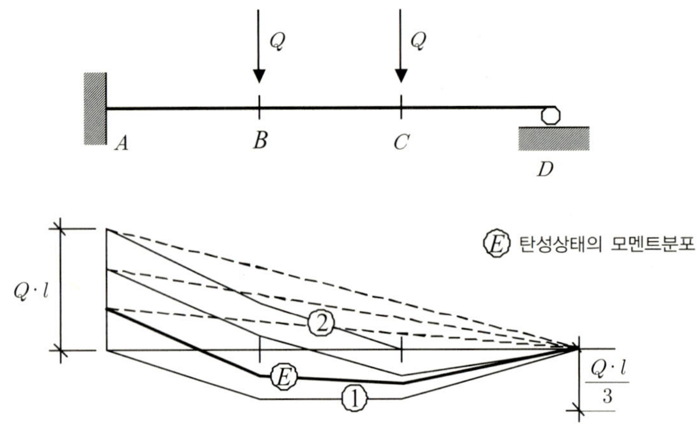

그림 4-1 정역학적으로 가능한 모멘트분포

모멘트분포 ①을 사용하여 설계하면 고정단에 상부근이 불필요하지만 이 부분에 허용폭 이상의 큰 균열이 발생하게 된다. 이와 유사하게 모멘트분포 ②를 기반으로 설계된 보 역시 만족스러운 거동을 하지 못한다. 이 경우 보는 부모멘트만 발생하므로 하부근이 불필요하다. 따라서 경간 내에 허용폭 이상의 균열이 발생하게 되고 결과적으로 오른쪽 지지점에서 불연속이 발생한다. 일반적으로 극단적인 모멘트분포를 기반으로 설계하면 소성변형을 일으키고 사용하중에서 허용폭 이상의 균열이 발생하게 된다. 이러한 구조체에서는 요구 소성변형이 가능한 연성을 넘는 경우에 발생하기도 한다. 이러한 경우 내력은 소성이론에 따른 극한하중보다 작게 된다.

가능한 모든 모멘트분포 중 오직 하나의 분포만이 비례하중이 증가하는 상태에서 소성변형이 고정단과 스팬 내부에서 동시에 시작되는 조건을 만족시키기 때문에 내부 힘의 재분배 없이 극한하중에 도달한다.

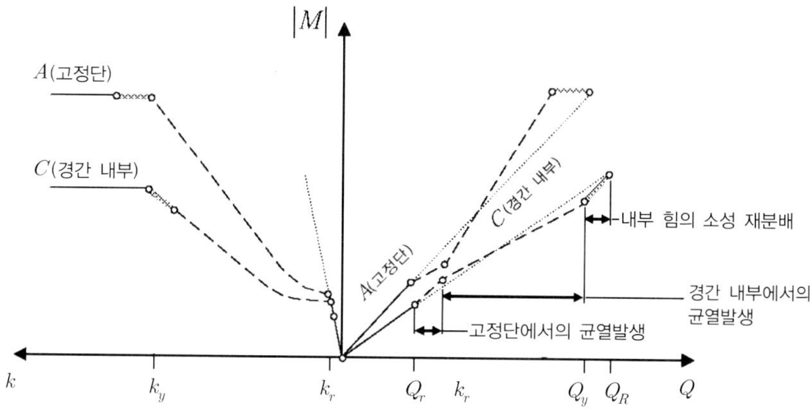

그림 4-2 탄성설계된 보의 하중과 모멘트 관계

선형탄성해석은 모든 부재의 강성이 하중과 무관하다는 가정하에 실행되는데, 이 가정은 철근콘크리트 보에 균열이 없는 경우에만 유효하다(그림 1.4와 비교). 따라서 탄성설계된 보이더라도 극한하중에 도달하기 전에 내부 힘의 재분배가 발생한다. 이러한 거동은 그림 4-2에 나와 있다[19]. 고정단의 모멘트 M_A와 경간 내부의 모멘트 M_C는 하중과 곡률의 함수로 표현되었다. 균열하중 Q_R에 도달한 후 고정단의 강성은 감소하기 때문에 증가한 하중상태에서 고정단 모멘트는 스팬 모멘트보다 더 천천히 증가하게 된다. 이후 경간 내부에서 균열이 발생하며 강성이 감소하는데, 이는 다시 고정단에서의 모멘트 증가로 이어진다. 고정단의 철근량은 경간 내부보다 더 많으므로 균열이 발생한 단면의 강성 역시 고정단이 경간 내부보다 더 크다. 그러므로 철근은 고정단에서 항복강도에 먼저 도착하게 된다.

이때 하중이 항복하중 Q_y이며 극한하중 Q_R보다 작다. 하중은 스팬 내의 소성모멘트에 도달할 때까지 더욱 증가하는데, 이 과정에서는 내부 힘의 재분배가 이루어진다. 따라서 사용하중 하에서의 구조물 성능이 탄성설계된 구조물보다 우수하도록 소성설계가 가능하다. 사용하중상태에서는 힘의 재분배 및 소성변형이 작게 발생하므로 소성설계된 구조물일수록 연성과 관련된 요구조건이 까다롭지는 않다.

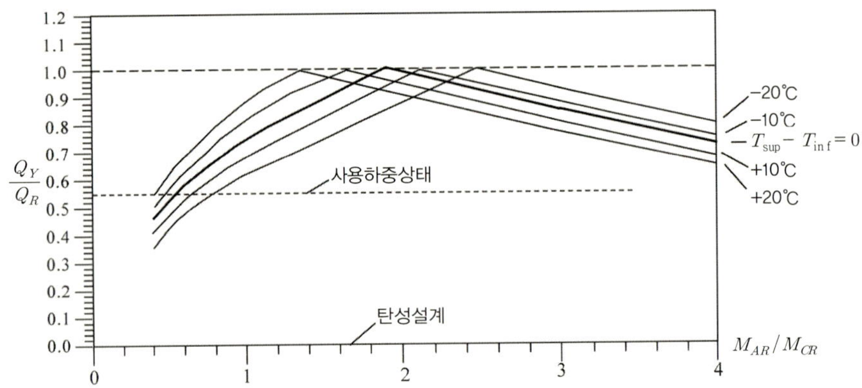

그림 4-3 모멘트비 M_{AR}/M_{CR}에 대한 항복하중과 최대하중의 비와 잔류응력(선형온도분포)

그러나 이 최적의 해법을 찾는 것이 실용적 의미가 있는 것은 아니다. 사용하중 하에서 내부 힘의 분포는 콘크리트의 크리프와 온도, 수축, 지점이동 등에 따른 잔류응력의 영향을 강하게 받지만, 반면에 소성 극한하중은 이런 영향과 무관하다. 더욱이 극한하중에 도착하기 전에 제한적으로 발생한 내부 힘의 재분배는 본질적으로 사용하중 상태에서의 거동에 영향을 주지 않는다. 첫 번째 소성변형을 가져오는 항복하중 Q_y와 극한하중 Q_R 사이의 관계를 고정단모멘트 M_{AR}과 경간모멘트 M_{CT}의 비에 대한 함수로써 나타낸 것이 그림 4-3이다. 잔류응력 상태로서 보의 춤에 따른 온도변화를 선형으로 가정하였다.

결과적으로 소성이론에 입각한 철근콘크리트의 설계에서 내부 힘의 분포를 선택할 수 있는 폭이 크므로 이를 잘 활용하여 사용하중상태에서의 구조물 거동에 악영향을 주지 않도록 해야 한다.

4.1.2 보의 웨브에서 압축장의 기울기 선택

보의 웨브에 존재하는 압축장의 기울기를 선택하는 경우에도 이와 유사한 고려를

할 수 있다. 2.3.1절에서 압축장의 기울기가 감소하면 필요한 스터럽의 양은 감소하지만 지점영역에서의 수평인장력은 증가한다는 것을 이미 알아보았다. 앞선 절에서 설명한 대로 보의 주근을 극단적으로 상부 또는 하부에만 배근하면 안 되는 것처럼(그림 4-4a), 압축장의 기울기도 너무 작거나 크게 해서는 안 된다(그림 4-4b). 압축장의 기울기 θ가 너무 작은 경우에는 소요되는 스터럽의 양이 너무 작아 이미 사용하중상태에서 웨브의 과도한 균열이 발생한다. 반면에 각도가 너무 큰 경우에는 설계인장력이 너무 작아 사용하중상태에서 지점영역에서의 인장력 정착에 문제가 발생할 수 있다.

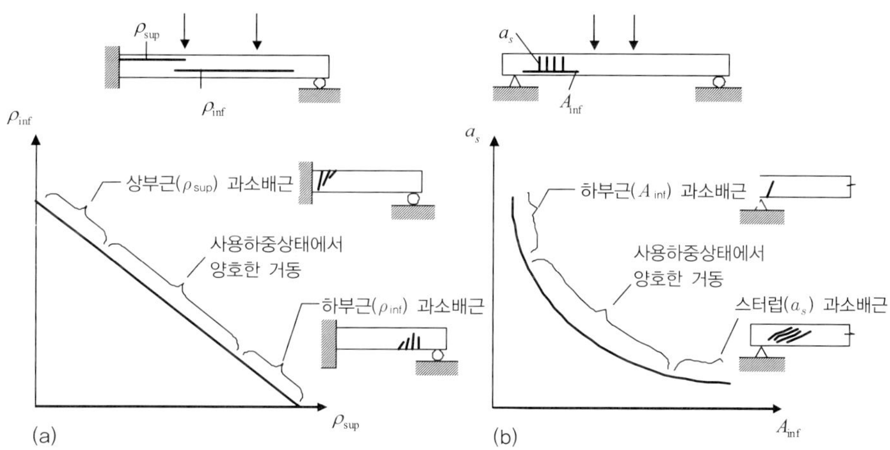

그림 4-4 철근배근이 사용하중상태에서 거동에 미치는 영향

그럼에도 불구하고, 압축장의 기울기를 선택할 수 있는 폭은 상당히 넓다. 사용하중 내지는 극한하중상태에서 응력장을 정확하게 결정하는 것은 그다지 중요하지 않다. 응력장은 철근배근 방법(설계)에 의해 결정되는 것이지 응력장을 선택한 후 철근을 결정하는 것은 아니기 때문이다.

4.1.3 내부 힘의 재분배와 요구 연성도

극한 취성거동을 하는 재료의 붕괴하중은 탄성설계와 소성설계 모두에서 과대평가

될 수 있다. 내부 힘의 소성 재분배의 요구가 클수록 불충분한 연성도를 가진 재료의 붕괴하중은 크게 감소한다.

이미 앞에서 언급했듯이 파괴하중에 도달하기 전에 탄성적으로 설계된 구조물이나 소성설계구조물 모두 내부의 힘의 재분배가 필요하다. 그림 4-3에 따르면 소성설계에서는 극한강도에 대한 항복강도의 비를 선택할 수 있는 폭이 넓기 때문에 요구되는 내부 힘의 재분배 정도를 탄성설계된 구조물과 같도록 할 수 있다. 그래서 소성설계된 구조물에서 요구연성도는 탄성설계된 구조물의 요구연성과 비슷하다고 할 수 있다.

소성과 탄성설계법 모두에서 구조부재가 최대한의 가능한 연성도를 발휘하도록 상세설계되어야 한다는 기본적인 방향을 다시 한 번 강조할 수 있다. 오직 이러한 방법에 의해서만 예상 밖의 큰 하중이 재하될 때 사용한 설계법과 무관하게 전체 구조물에서 만족스러운 거동을 발휘할 수 있다.

4.2 응력장을 구성하는 과정

4.2.1 서론

부정정구조물은 정정구조물의 조합이라고 생각할 수 있다. 보와 골조구조에서 가능한 하위구조는 쉽게 구별할 수 있다. 그림 4-1의 구조물은 1차 부정정구조물이므로 두 개의 하위구조로 구성 가능한데, 단순지지보와 캔틸레버보로 분리하여 생각할 수 있다.

벽과 슬래브와 3차원 덩어리는 내부적으로 높은 부정정차수를 가지므로 설계과정에서 적합한 하위구조를 선택하는 것이 필요하다. 이론적으로 무한개의 하위구조를 만들 수 있지만 극한하중의 하위구조를 사용하중상태 모두에서 적합한 거동을 달성하기 위해서는 몇 개의 대표적인 하위구조를 만드는 것만으로도 충분하다. 이번 절에서는 이러한 서브시스템의 선택을 기하학적 관점에서 살펴보자.

첫 번째 예제로 그림 4-5의 개구부가 있는 벽체를 보자. 그리고 적합한 응력장을 구성하는 과정은 그림 4-6과 같다.

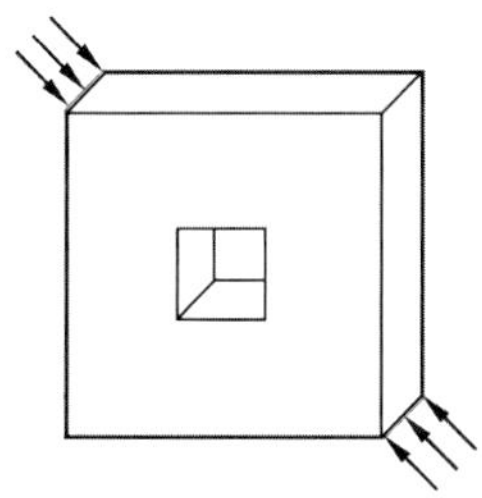

그림 4-5 RC벽체 요소와 재하하중

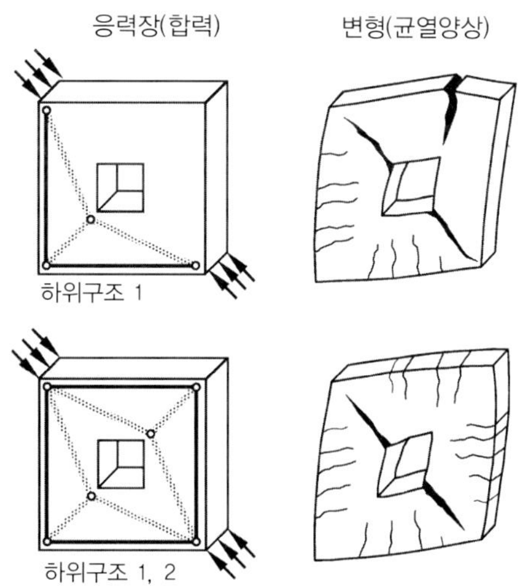

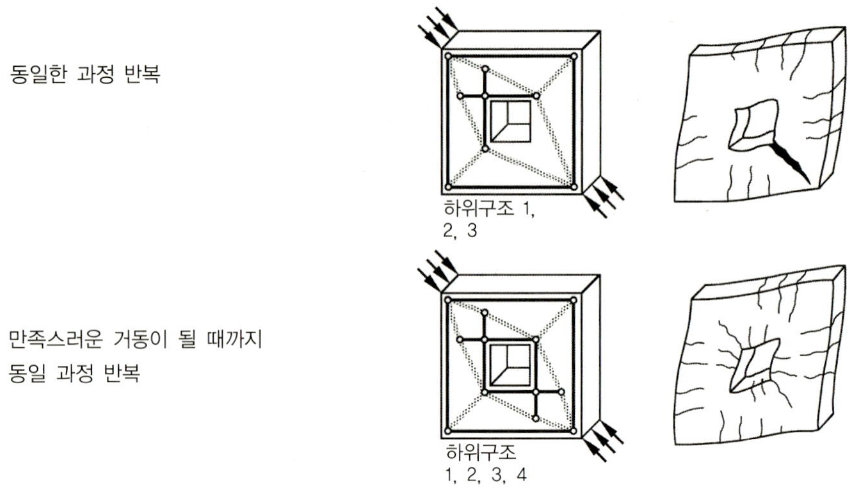

그림 4-6 적합한 응력장의 구성 과정

우선 하나의 구조거동을 자유롭게 선택한다. 다음 단계로, 선택된 구조거동에 따른 변형을 정성적으로 검토하고, 이 때 보강되지 않은 부분에서 발생하는 변형의 대부분이 균열발생 지점에 집중된다고 가정하면, 해당 부위의 구조요소는 완전소성거동하는 것으로 간주할 수 있다. 이처럼 과도하게 집중되는 변형을 피하기 위해 이 영역에 추가적인 하위구조를 도입하여야 한다.

이상의 과정은 과도한 변형이 더 이상 발생하지 않을 때까지 반복된다. 여기서 제시한 예제에서는 교육적인 목적으로 4개의 하위구조를 단계적으로 소개하지만, 처음부터 대칭성을 고려한다면 이 중 두 단계는 생략할 수 있었다.

4.2.2 인장력을 받는 벽체요소에서 힘의 확산

첫 번째 하위구조로서 그림 4-7a에서와 같이 중심을 따라 형성된 인장대를 통한 하중의 직접전달을 선택한다. 이와 관련된 변형 형태(균열양상)는 보강된 영역에만 고르게 분포된 균열이라고 할 수 있다(그림 4-7b). 이 때 바깥영역에 몇 개의 큰 균열이 형성되는 것을 피하기 위하여 추가적인 하위구조를 도입해야 한다. 이로서 바깥영역으로도 힘이 전달될 수 있게 된다(간접적인 힘의 전달, 그림 4-7c와 d).

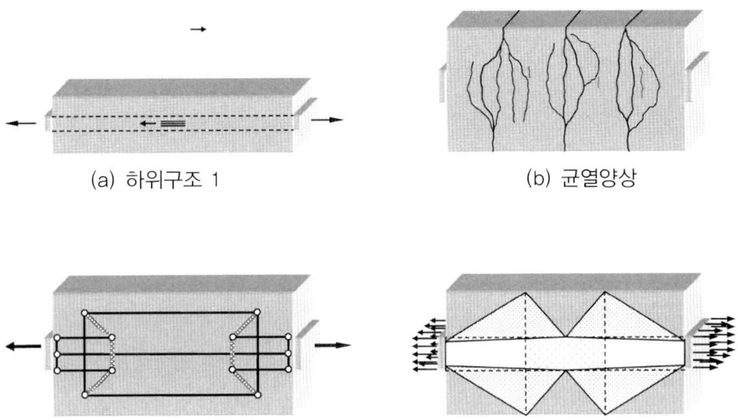

(a) 하위구조 1 (b) 균열양상

(c) 하위구조 1, 2 (d) 응력장

그림 4-7 인장력을 받는 벽체요소

하위구조 2의 인장철근은 하위구조 1의 인장철근만큼 길게 배근할 필요가 없기 때문에 경계영역에 필요한 철근량은 상대적으로 적다. 일반적으로, 이 영역에서는 단지 균열을 고르게 분배할 수 있을 만큼만 최소 보강하는 것으로 충분하다.

4.2.3 압축력을 받는 벽체요소에서 힘의 확산

인장력이 작용하는 부재의 경우에서와 같이 작은 크기의 압축대를 통해 하중이 직접적으로 전달될 수 있다(그림 4-8a). 이러한 응력장은 철근이 필요 없지만 축방향으로 인장쪼개짐에 의한 균열이 발생할 수 있다. 이 부재는 결국 두 조각으로 쪼개지며, 편심하중이 작용하여 갈라진 두 압축재를 휘게 한다. 결과적으로 균열의 벌어짐은 커진다. 두 개로 분리된 부분은 횡방향 철근을 사용하여 일체로 유지할 수 있다. 축방향 압축력의 일정 부분은 횡방향 철근에 의해 바깥 부분으로 확산되어 간접적으로 전달된다(그림 4-8b).

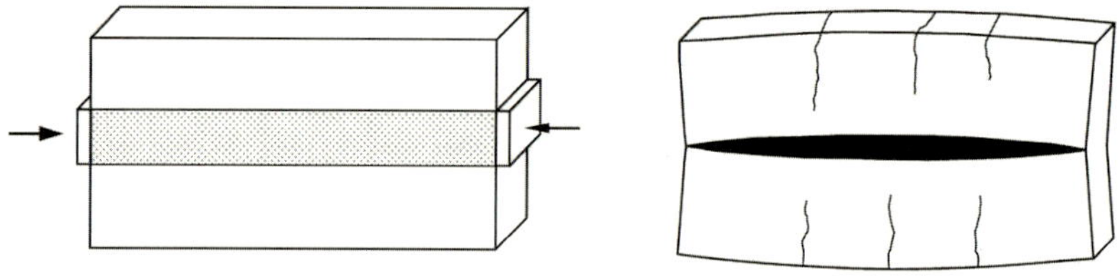

(a) 힘의 직접전달

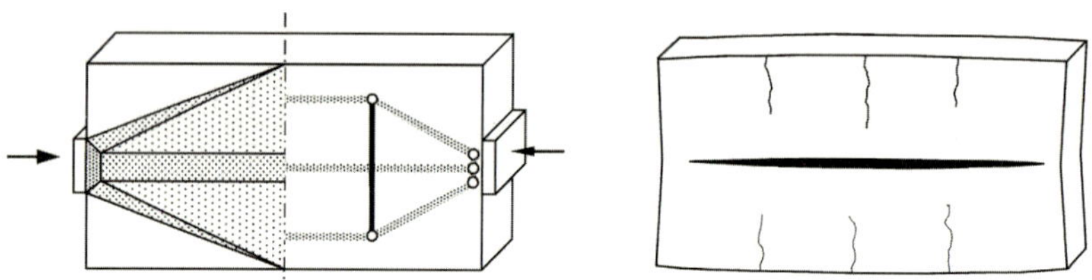

(b) 힘의 직접 및 간접전달

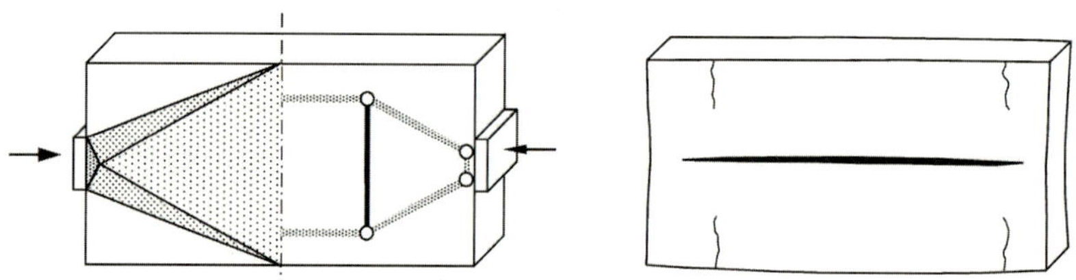

(c) 힘의 간접전달

그림 4-8 압축력을 받는 벽체요소

축방향 균열이 벌어지는 정도는 횡방향 철근량에 의해 결정된다. 만일 횡방향 철근량을 증가시켜 전체 힘이(더 이상의 직접적인 힘 전달이 없이) 간접적으로 전달되도록 한다면 균열의 폭은 매우 작아진다(그림 4-8c). 이 경우 하위구조 1(직접적인 힘)은 실질적으로 사라진다고 할 수 있다.

횡방향 철근은 반드시 힘의 확산이 일어나는 영역에 배치해야 한다. 철근량과 부재의 기하학적 형상이 이 영역의 크기 결정에 영향을 준다. 따라서 사용성에 대한 요구조건은 아무런 문제없이 만족될 수 있다.

이미 3장에서 언급했듯이 균열폭이 큰 경우에는 강도저하 문제를 발생시킬 수 있다. 그림 4-9는 횡방향 철근이 없는 부재에 압축력이 작용하여 중앙부에 길이방향으로 폭이 큰 균열이 발생한 경우이다. 이 균열은 압축스트럿에 항상 평행하지는 않기 때문에 힘의 일부분은 균열 경계 부분에서의 골재 맞물림작용에 의해 전달되어야 한다.

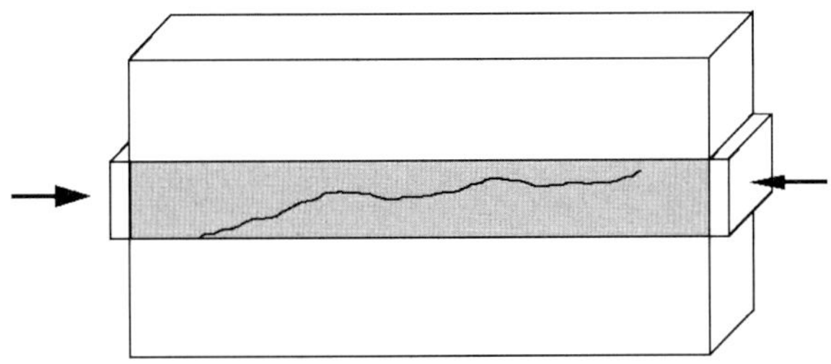

그림 4-9 균열이 강도에 미치는 영향

소요강도에 다다르기 위해서는 압축스트럿 부분에 부분적인 보강철근을 배근할 필요가 있다. 부재의 전체 폭에 걸쳐 횡방향 철근을 배근함으로써 사용성과 강도에 대한 요구조건을 동시에 만족할 수 있다.

이 절에서 주어진 2가지 예는 균열을 작게 유지하는 것에 관한 중요한 차이점을 보여준다.

- 인장부재의 경우, 주어진 축방향 철근에 대해 전체 균열폭은 대체로 정해져 있으나 이 균열을 고르게 분포시켜야 한다.
- 이와는 달리, 압축부재의 경우에 전체 균열폭은 횡방향 철근에 의해 영향을 받는다.

4.2.4 그 밖의 경우

앞 절에서 설명한 응력장의 확산현상은 응력장에 대한 최초의 가정에 의해 집중된 스트럿이 존재하도록 설계된 모든 경우에 비슷하게 적용될 수 있다.

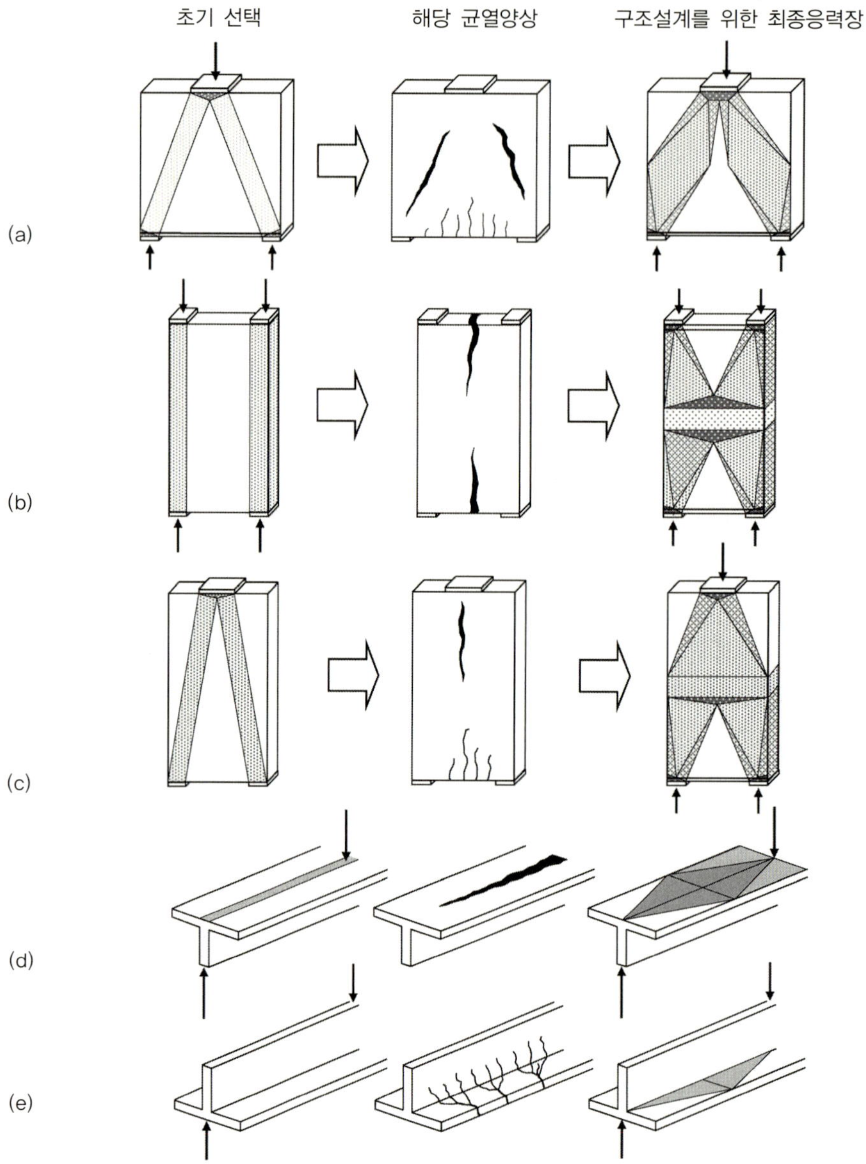

그림 4-10 응력장 확장에 의한 균열 제어

그림 4-10은 설계 초기에 가정한 응력장, 예상되는 균열양상, 그리고 설계를 위한 최종응력장의 다양한 적용 사례를 보여준다. 이러한 부재의 설계에 있어 응력장의 구성은 정성적인 파악만으로도 충분하다. 사용성 조건을 만족시키기 위해 요구되는 철근량은 적절한 예측으로 얻을 수 있다.

4.3 균열에 의한 강도감소

3장에서 살펴보았듯이 균열경계면에서의 골재 맞물림 작용으로 힘을 온전히 전달할 수 있는 경우는 균열폭이 작을 때에만 가능하다. 극단적인 경우로 분포된 철근이 없는 RC부재는 압축스트럿이 형성되어야 할 영역에 상당히 큰 균열폭이 발생하게 된다. 이러한 균열은 다음과 같은 원인으로 발생할 수 있다.

- 이전의 구조적 거동
- 이전의 하중조합
- 잔류응력상태(온도변화, 수축, 침하 등)

이러한 경우 내부 힘의 재분배가 올바르게 발생하지 못해 조기파괴가 발생할 수 있다. 경사각이 작은 균열이 스트럿을 가로질러 발생하여 맞물림 작용에 의해 힘이 전달되어야 할 경우에 문제가 발생할 수 있다. 이러한 경우는 4.2.3절(그림 4-9)에서 논의하였으며, 또 다른 예를 그림 4-11에서 볼 수 있다.

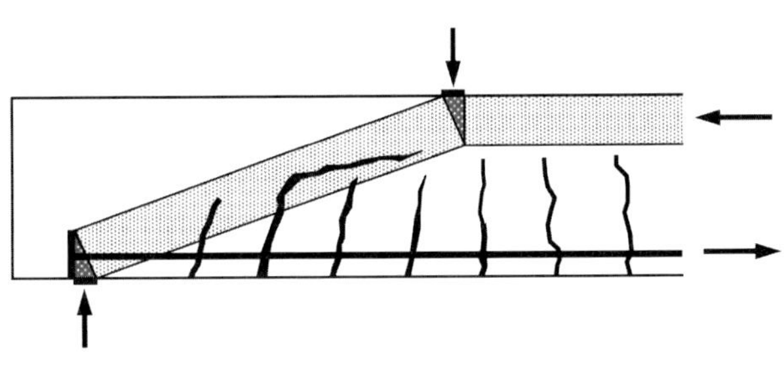

그림 4-11 균열양상과 응력장

그림 4-11에서 하중이 증가할 때 여러 가지 구조적 거동이 발생할 수 있다. 먼저 휨거동으로 약간의 수직균열이 발생하는데, 하중이 증가하는 동안에 수평균열로 발전한다. 기존 실험[19]의 계측결과를 보면 이러한 균열을 통해 힘의 전달이 완벽하게 이뤄질 수 없음을 알 수 있다. 따라서 그림 4-11에 보이는 스트럿은 형성될 수 없다. 2장에서 논의한 것처럼, 이러한 보의 하중은 일반적으로 스터럽에 의해 간접적으로 전달된다. 이 경우 인장타이에 의해 스트럿 영역의 균열폭이 작게 유지될 때에만 직접적인 힘의 전달이 가능하다.

이 두 가지 예로부터 다음과 같은 결론을 내릴 수 있다.

균열로 인한 강도저감을 막기 위해서는 스터럽 없이 세장한 압축스트럿은 피해야 한다. 이 경우는 압축스트럿과 인장철근 사이의 교차각이 작을 때 강도저하가 치명적이 된다.

4.4 큰 압축응력을 받는 영역에서의 응력분포

4.4.1 서론

2장에서 다룬 응력장은 압축스트럿의 폭방향으로 일정한 응력이 발생한다고 가정한다. 연성 요구조건과 관련하여 이러한 가정은 단면의 폭보다 스트럿의 폭이 작은 경우에만 성립된다. 이 경우에는 그림 2-5b에서와 같이 스트럿 폭을 따라 변하는 응력분포일지라도 압축응력의 합력 위치가 스트럿 중심으로부터 크게 이동하지 않기 때문에 이로 인해 강도에 미치는 영향은 무시할만하다. 이 절에서는 비교적 큰 폭의 압축스트럿의 경우에 불균일한 응력분포의 영향에 대해 살펴보기로 한다.

4.4.2 보-기둥(Beam-Columns)에 대한 응력장

보-기둥은 휨과 압축력을 전달하는 압축부재이다. 첫 번째로 비교적 작은 편심과 이에 따른 작은 휨모멘트, 그리고 전단력이 작용하는 경우를 살펴보자(그림 4-12a).

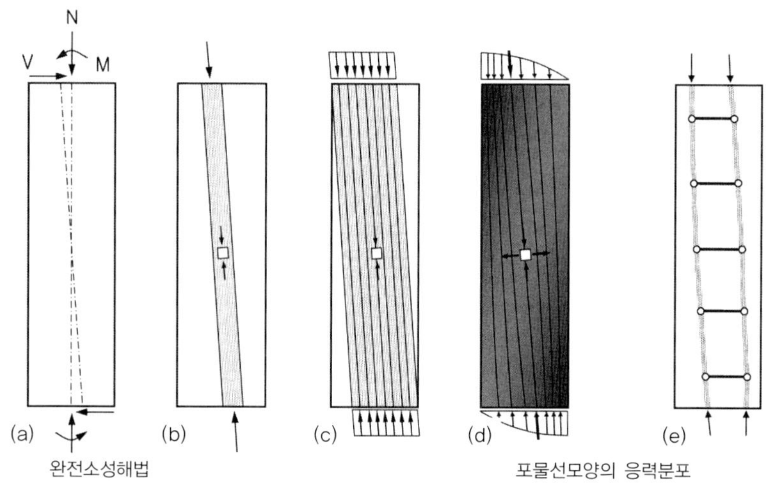

그림 4-12 작은 편심의 수직력을 받는 보-기둥

완전소성 가정을 이용한 경우 두 가지 해법이 가능한데, 그림 4-12b의 압축스트럿은 응력 크기가 f_{ce}이지만 그림 4-12c의 압축스트럿은 최대로 가능한 폭을 가지고 있어 그만큼 응력 크기가 줄어든다.

그림 4-12d와 e는 포물선형태의 응력분포를 가정한 해법이다. 압축스트럿의 응력궤적은 곡선모양이 되므로 횡방향 인장력이 발생한다. 이 인장력은 콘크리트의 인장응력 또는 균열이 발생한 경우 횡방향 철근에 의해 지지되어야 한다. 균열이 압축장과 평행하게 발현되면 강도는 저하되지 않을 것이다. 인장응력은 균열을 가로질러 전달되지 못하므로 내부 힘의 재분배가 발생하여 결국 그림 4-12c와 같은 응력장이 형성된다. 따라서 이 응력장은 설계를 위해 사용될 수 있다.

주어진 수직력과 콘크리트강도 f_{ce}에 대하여 압축스트럿에 균일한 응력 f_{ce}가 작용한다고 가정하면 응력의 합이 가장 큰 편심을 가지는 경우를 도출할 수 있다. 이때 인장철근의 도움 없이 어느 정도까지 편심과 그에 따른 모멘트를 증가시킬 수 있느냐가 관심의 대상이다. 그러나 이와 같은 제한된 경우에 변형도 한계를 가지는 비선형 응력분포가 가정된다면, 이 모멘트에 저항하기 위하여 인장철근이 필요할 것이다.

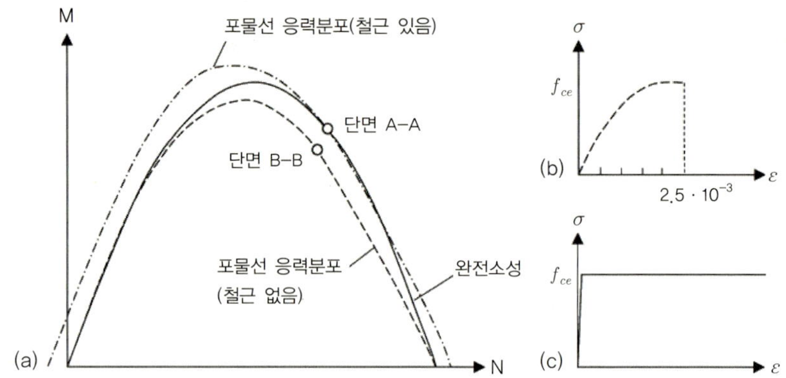

그림 4-13 재료거동에 따른 $M-N$ 상관도

이에 상응하는 응력을 표현한 것이 그림 4-14이다. 길이(축)방향 철근의 설계는 끝단면인 A-A를 기준으로 이루어진다. 그림 4-13a는 해당 단면의 $M-N$상관도이다.

단면 B-B까지 길이(축)방향 철근보강이 필요하다. $M-N$상관도는 이 단면 이후의 휨모멘트가 순전히 압축력의 편심에 의해 저항됨을 보여준다. 스터럽에 의해 간접적으로 전달된 전단력 성분은 단순한 평형조건을 이용하여 구할 수 있다. 이 설계를 위해 그림 4-14e의 응력장을 사용할 수 있다. 여기서는 f_{ce}보다 작은 크기를 갖는 균일한 응력분포를 가정하였다. 그러나 그림 4-14c의 응력장으로부터 결정된 단면 A-A와 B-B상의 합력의 위치는 동일하게 유지된다.

중간 정도의 편심을 가지는 큰 수직력이 보-기둥에 작용할 때에는 특별한 주의가 요구된다. 길이방향의 철근 외에도 정역학 관계를 고려한 스터럽이 추가로 필요하기 때문이다.

큰 편심의 수직력이 작용하는 보-기둥에 대해서도 유사한 설계의 고려사항을 지켜야 한다. 압축장의 기울기를 선정하는 것과 관련해서는 2.3.1절과 4.1.2절에서 보에 대해 고려한 사항을 검토해야 한다.

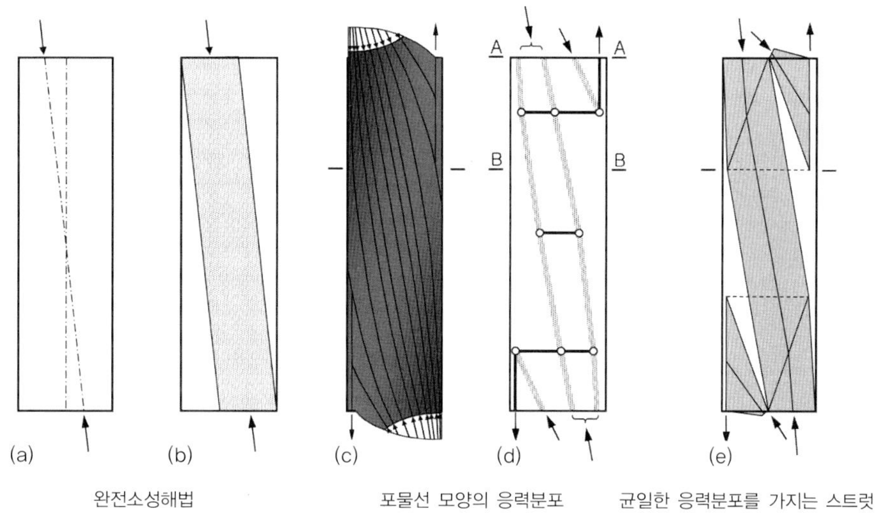

그림 4-14 중간 정도 편심의 수직력을 받는 보-기둥

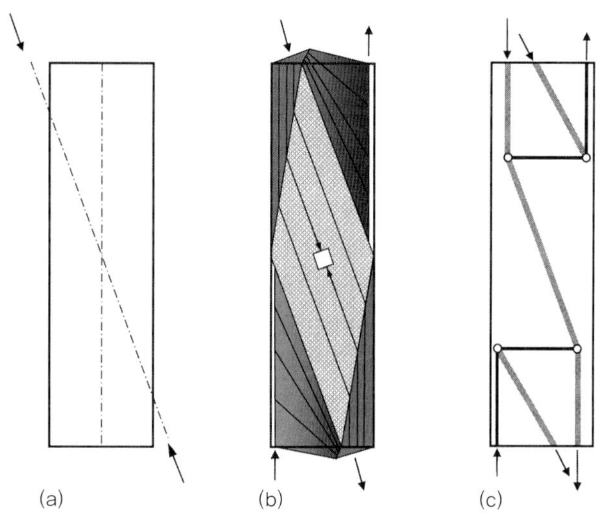

그림 4-15 큰 편심의 수직력을 받는 보-기둥

4.5 프리스트레스트 보

4.5.1 직선 케이블이 설치된 보

프리스트레싱은 단지 부재에 잔류응력상태를 유발하기 때문에 소성이론에 근거하여 결정되는 하중저항 능력에 영향을 미치지 않는다. 그러나 한계상태에 이르기 위해 내부 힘의 크고 작은 재분배가 필요하기 때문에 대부분의 응력장에 따라 프리스트레싱 힘을 보에 작용하는 외력으로 취급하는 것이 합리적이다.

이러한 방법으로 응력장에 프리스트레싱 힘을 확실히 도입시킬 수 있다. 정착력, 경사진 힘, 그리고 마찰력 외에 프리스트레싱 케이블이 추가로 받게 되는 하중은 오직 외력의 증가에 의해서만 발생하기 때문에 프리스트레싱 케이블은 그 항복강도(f_{py})에서 프리스트레싱에 의한 응력(σ_p)을 뺀 만큼의 공칭강도($f_{py}-\sigma_p$)를 가지는 일반 철근으로 간주할 수 있다.

이러한 보는 정착력 때문에 일반적으로 압축력이 작용하므로 4.4절의 기둥에 적용된 것과 유사한 응력장을 사용할 수 있다. 그림 4-16a와 b는 오직 프리스트레스트에 의해 발생하는 보의 구조적 거동을 보여준다. 4.2.3절에 제시된 방법으로 정착영역에서 발생하는 압축력의 확산을 그림 4-16c와 d에서와 같이 고려해야 한다.

기둥의 경우와 유사하게 보의 축에 수직인 외력은 전체 응력의 합을 기울어지게 하는데, 이 경우의 하중전달도 고려되어야 한다. 그림 4-17에 이때의 구조적 거동이 잘 표현되어 있다.

정착영역(영역A)에서는 전체응력의 합이 큰 편심을 가지는 경우라도 내부 힘의 변화는 하중이 재하되지 않는 보(그림 4-16c)의 경우와 유사하다. 그러나 보의 단부에 집중된 쪼개지는 힘은 전단력의 영향으로 감소된다.

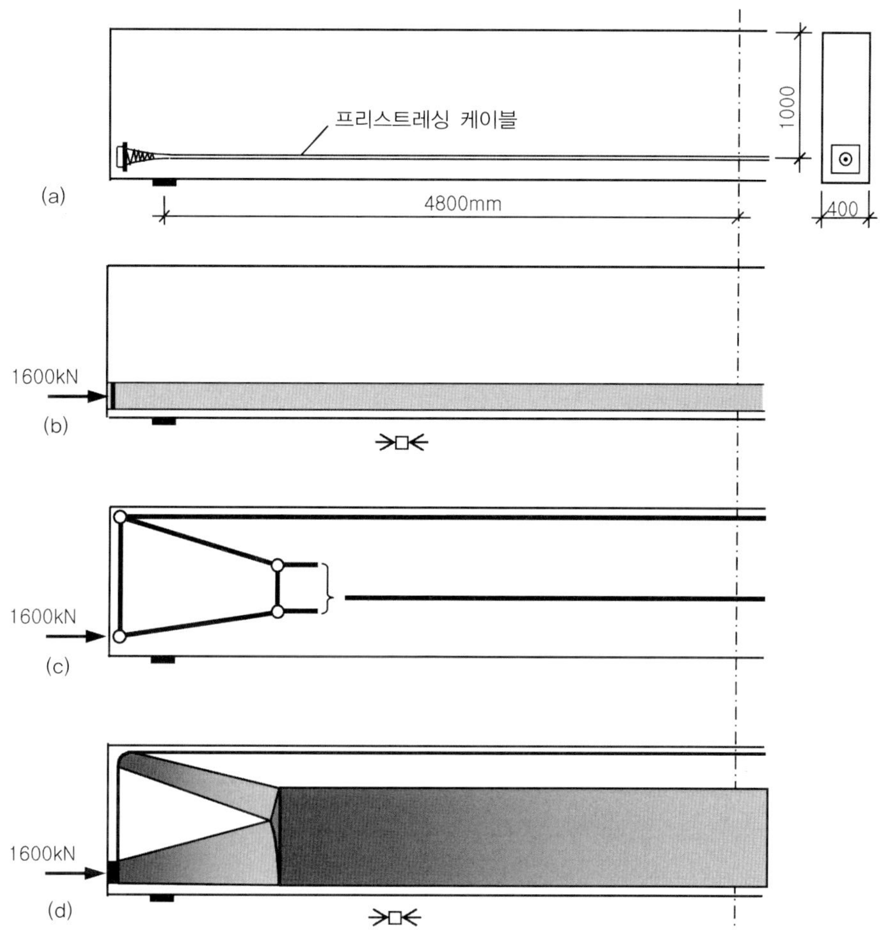

그림 4-16 (a) 프리스트레스트 보 (b) 콘크리트의 응력장 (c) 힘전달 붕괴기구를 고려한 응력의 합력 (d) 힘전달 붕괴기구를 고려한 응력장

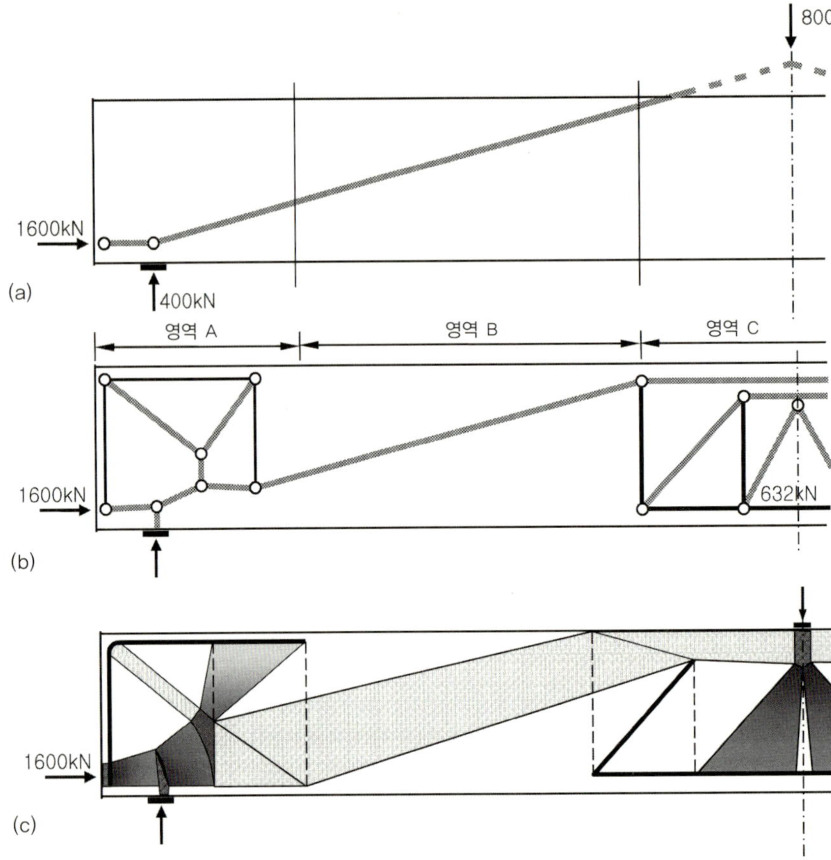

그림 4-17 하중이 재하된 프리스트레스트보

전체 압축응력의 합이 부분적으로 보 밖에 위치하는 영역 C에서는 프리스트레싱 케이블이나 일반적인 철근에 더 많은 힘이 작용한다. 이 영역에서의 구조적 거동은 일반 보의 경우와 동일하므로 4.1.4절에서 설명한 대각선 압축장을 적용한다.

영역 B에서는 압축합력의 편심이 작기 때문에 프리스트레싱 철근에 작용하는 힘이 외부하중에 의해 변하지 않는다. 따라서 그림 4-11에서와 같은 위험한 균열은 발생할 수 없다. 만일 구속조건이나 다른 하중조합의 작용으로 인한 큰 균열이 발생하지 않는다면 이 영역에는 압축스트럿에 의한 직접적인 힘전달이 발생할 수 있다.

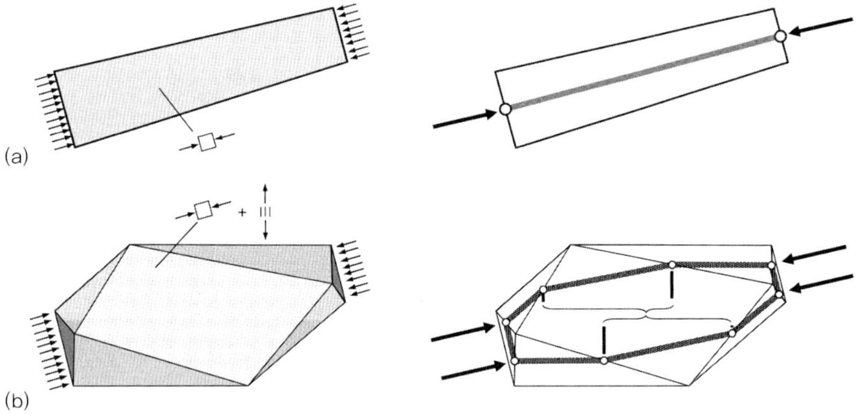

그림 4-18 그림 4-17의 B영역에서 경사진 스트럿 확산

균열이 단지 최소 스터럽만으로도 작게 유지될 수 있기 때문에 영역 B에 상세한 응력장을 구성할 필요는 없다. 그러나 완벽을 기하기 위해 그림 4-18b의 응력장을 이용하여 경사 스트럿을 대체할 수 있다. 최소 스터럽 보강을 통해 작은 경사각을 가지는 스트럿이 형성되도록 하는 것은 아무 문제가 없다.

보에 작용하는 하중의 유형이나 단면형태가 다른 경우에도 동일한 방법을 적용할 수 있다. 그림 4-19는 2.3.2절에서 다룬 등분포하중을 받는 I형 단면을 가진 보의 응력장을 보여준다. 비교를 위해 프리스트레싱이 있는 보와 그렇지 않은 보의 길이방향 철근과 스터럽의 힘의 분포를 나타내었다.

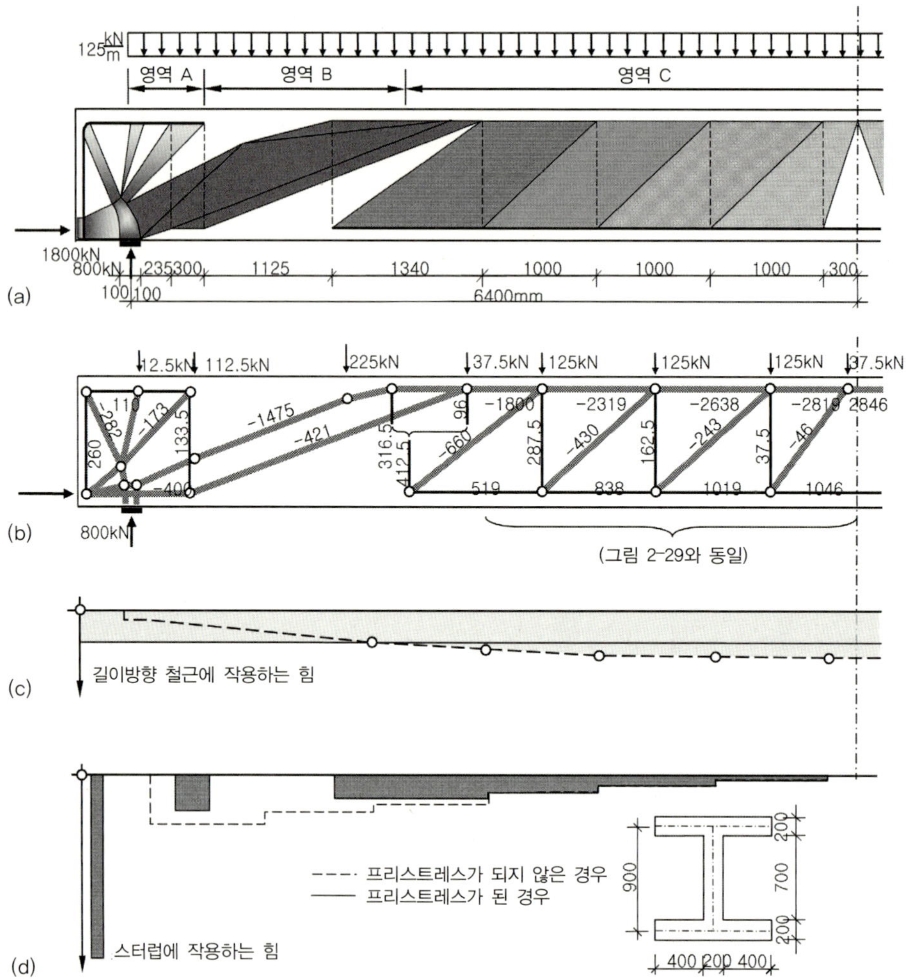

그림 4-19 등분포하중이 작용하는 프리스트레스트 보의 철근에 작용하는 힘
(일반철근이 배근된 경우와 비교)

4.5.2 곡선케이블이 설치된 보

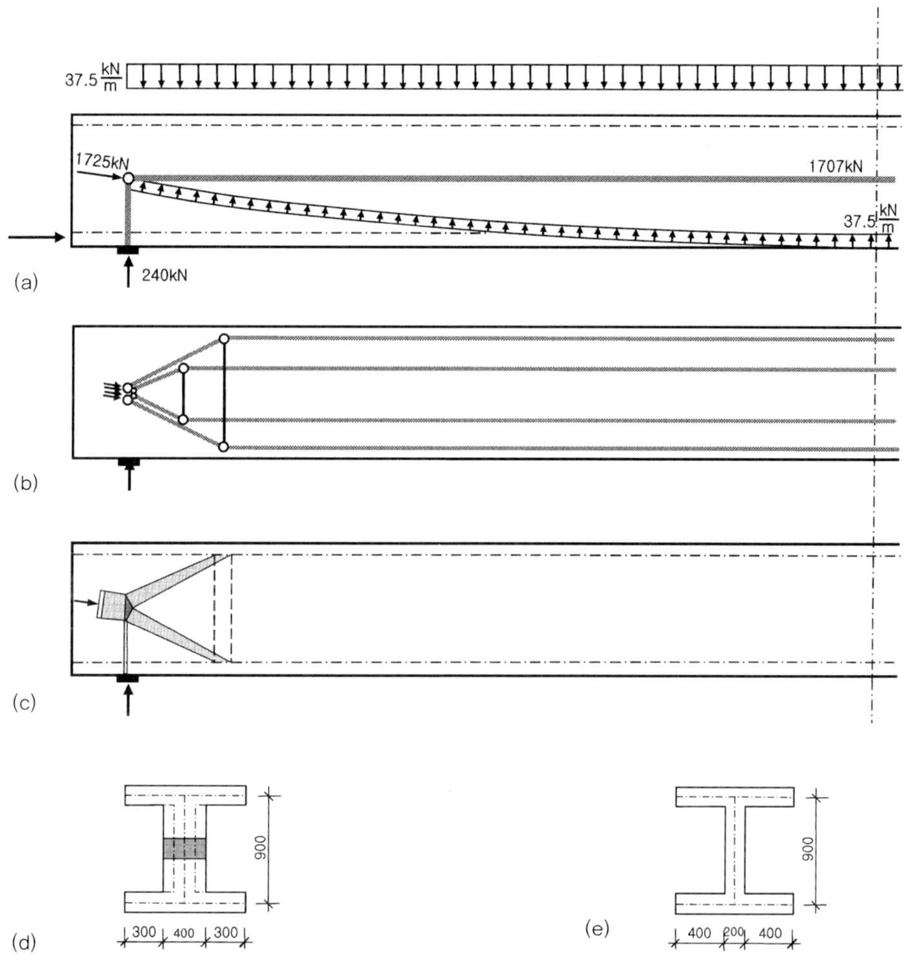

그림 4-20 프리스트레싱의 경사분력과 고정하중이 평형을 이루도록 케이블이 설치된 보

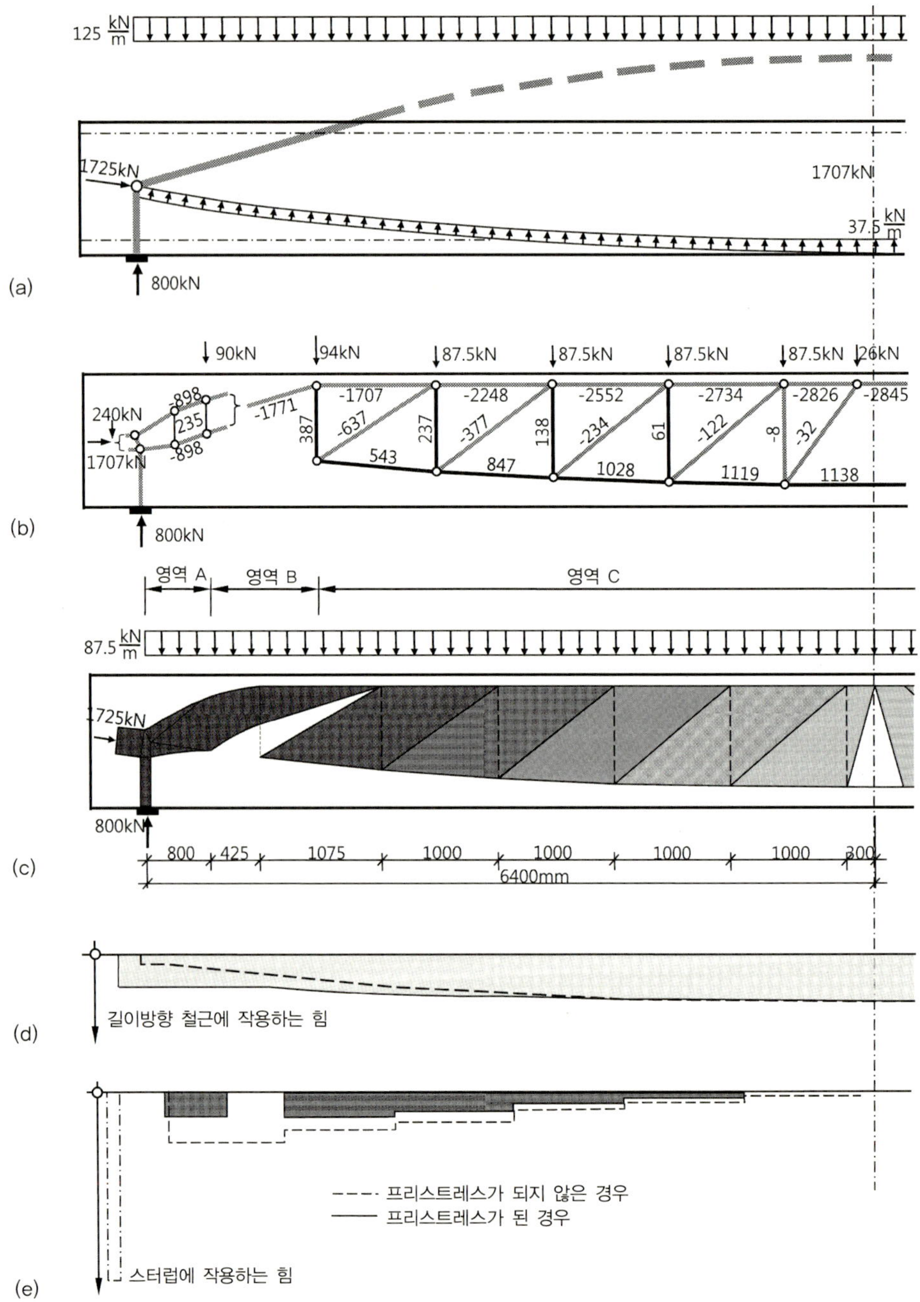

그림 4-21 최대하중하에서 곡선케이블이 설치된 보의 철근에 작용하는 힘(일반철근이 배근된 경우와 비교)

곡선케이블의 경우, 프리스트레싱의 경사분력이 보에 미치는 영향도 고려되어야 한다. 지지영역에서 축방향으로 작용하는 정착력은 큰 편심을 가지는 정착력이 작용하는 경우와는 다르게 확산된다. 쪼개는 힘의 크기는 외부하중이 경사분력과 평형을 이루고 따라서 전체적인 응력의 합이 그림 4-20에서와 같이 수평을 이루는 하중조건하에서 최대가 된다.

영역 C 내에서 스터럽의 배근간격은 최대하중을 가지는 하중조합에 의해 결정한다. 구조적 거동은 정역학적으로 요구되는 보춤의 변화에 따라 달라지는데(그림 4-21), 케이블의 기울기 때문에 웨브 부분에 작용하는 응력이 감소되고 따라서 스터럽에 요구되는 힘 또한 줄어든다(그림 4-21c). 프리스트레싱의 경사분력에 의해 발생하는 내부 힘에 관해서는 더 이상 자세히 다루지 않도록 한다. 이 힘은 외부 하중의 일부분을 직접적으로 상쇄시킨다.

가끔 프리스트레스트 케이블과 일반 수평철근이 함께 사용되는 경우가 있다. 그림 4-22는 어떻게 케이블과 철근이 함께 영역 C에서 거동하는지를 보여준다.

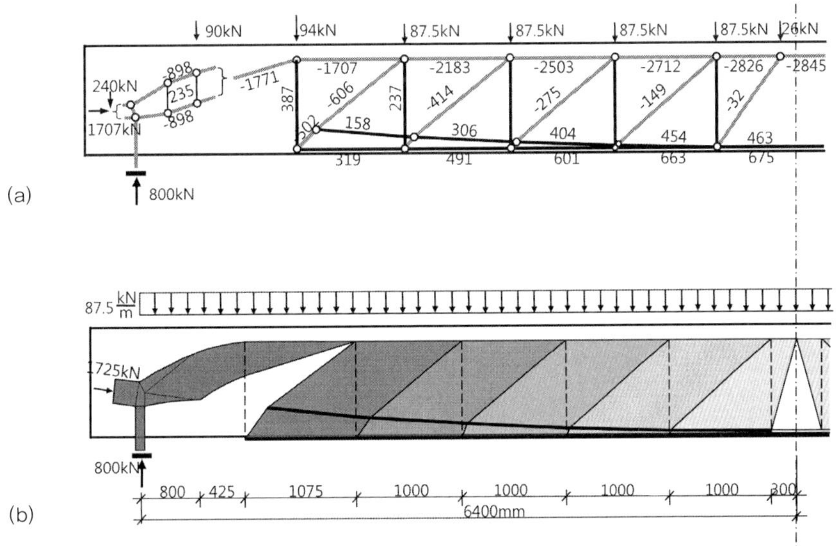

그림 4-22 일반철근이 추가로 존재하는 보

4.5.3 프리텐션 보의 정착영역

프리텐션된 프리스트레스트 보의 경우 프리스트레싱 힘은 부착에 의해 보로 전달된다. 그림 4-23a의 응력장을 보면 쪼갬응력에 대응하는 철근을 반드시 배근해야 한다.

만약 지점반력이 보의 단부에 집중력으로 작용한다면(그림 4-23b) 이 영역에 특별한 주의가 필요하다. 일반적으로 프리스트레싱 강선은 지점영역에 충분히 정착될 수 없다. 따라서 소요되는 인장력은 일반철근에 의해 적절히 지지되어야 하며, 이를 통해 프리스트레싱 강선에 전달되어야 한다. 이 영역에서 필요한 스터럽의 힘은 전단력과 쪼개지는 힘의 중첩으로 구해진다.

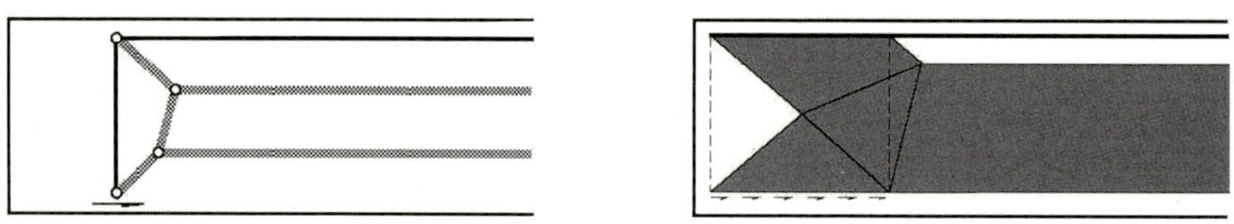

(a) 프리스트레스트만을 고려한 응력의 합력

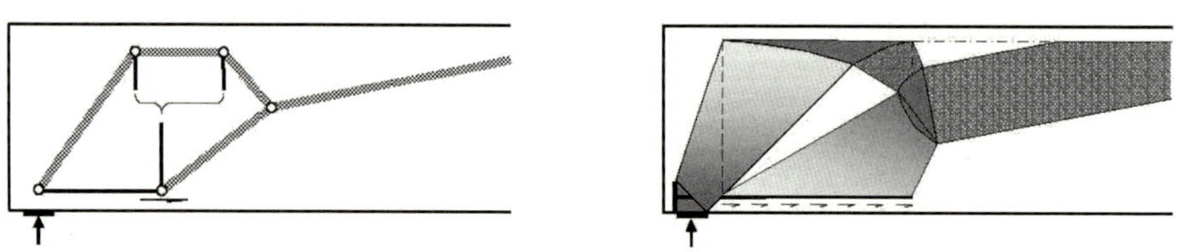

(b) 프리스트레스트와 지점반력을 모두 고려한 응력의 합력

그림 4-23 부착에 의해 강선이 정착된 프리텐션 보 단부의 구조적 거동

4.5.4 비부착 프리스트레스트 보

부착되지 않은 프리스트레싱 케이블의 경우 그림 4-22에서 보이는 것과 유사한 응력장이 만들어질 수 있다. 지점영역에서 대각선 압축장의 방향변화는 발생하지 않는다. 케이블 힘은 일정하게 유지되고, 단지 일반철근에 작용하는 힘만 증가한다.

5

평면응력, 플레이트, 쉘 요소

2장에서 보의 크기를 결정하기 위한 방법은 기본적으로 2가지 있다는 것을 알 수 있었다. 일체법(Integral Method)이라 불리는 첫 번째 방법은 전체 구조물에 대한 응력장을 구성하는 방법이다. 두 번째 방법은 단면법(Sectional Method)이라고 하는데, 전통적인 정역학적 방법(탄성과 소성해석)을 이용하여 우선적으로 응력의 합력을 결정한다. 이후 보를 몇 개의 영역으로 나누어 해당 단면에서의 평형조건으로부터 실제치수를 구한다. 단면형태가 단순하고 등분포하중이 재하된 경우에 대해서는 설계식을 이미 유도하였다(그림 2-36, 2-51, 2-59).

2장에서 일체법이 평면응력을 받는 요소를 위한 효과적인 설계절차임을 확인하였다. 이 경우 내부 힘의 분포를 파악한 후 곧바로 소요철근량을 결정하고 콘크리트에 작용하는 응력을 산정한다. 최근 컴퓨터를 이용한 유한요소 프로그램 등의 발전으로 단면법의 중요성이 부각되고 있다. 단면에 작용하는 힘 또는 응력의 합력(n_x, n_y, n_{xy})이 결정되면 이로부터 설계에 필요한 값들(철근콘크리트에 작용하는 힘)을 구할 수 있는데, 이 때 5.1절에서 유도될 설계방정식을 이용한다.

슬래브 설계는 단면법만이 실질적인 의미가 있다. 응력의 합(m_x, m_y, m_{xy})은 탄성

또는 소성해석을 이용하여 결정할 수 있다. 탄성해석의 경우에는 주로 수치해석법(numerical method)을 이용한다(유한요소프로그램). 소성이론에 따른 방법에서는 모멘트 응력장을 원하는 만큼 상세히 구성하고 그에 따른 평형관계를 이용한다. 여기서는 이에 관해 더 이상 언급하지 않을 것이며, 관심 있는 독자들은 Hillerborg[34]와 Marti[35]의 책을 참고하길 권한다. 다음 절에서는 응력의 합으로부터 설계에 필요한 값들을 결정하는 설계식을 유도한다(5.2절).

쉘의 경우에 막거동에 의해 지배되느냐 혹은 휨거동에 의해 지배되느냐에 따라 각각 평면 응력요소와 슬래브 요소에서와 같은 고려 사항을 적용한다. 이 설계식은 5.3절에서 언급하겠다.

5.1 평면 응력요소

그림 5-1의 요소에 힘 n_x, n_y, n_{xy}가 작용한다. 설계의 목적은 각각의 주어진 방향에 대해 철근량을 결정하고, 유효 콘크리트강도를 초과하지 않도록 요소의 두께를 선택하는 것이다.

주 응력이 모두 압축력으로 작용하는 경우, 철근이 필요 없으므로 더 이상 고려할 필요가 없다.

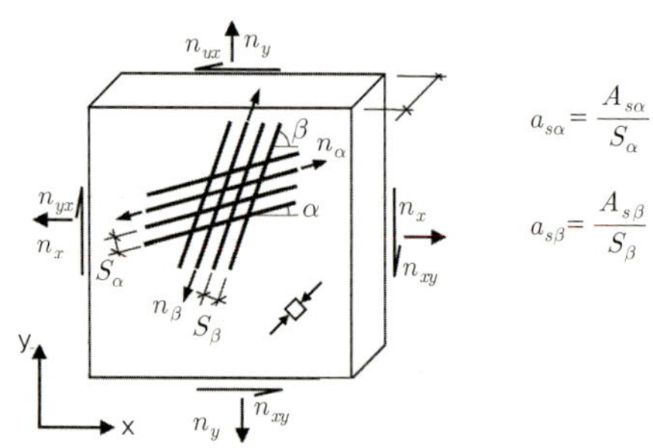

그림 5-1 평면 응력 요소

철근에 작용하는 힘 $n_\alpha = \sigma_{s\alpha} \cdot a_{s\alpha}$ 및 $n_\beta = \sigma_{s\beta} \cdot a_{s\beta}$와 콘크리트에 작용하는 힘 $n_\theta = \sigma_\theta \cdot t$를 각각 작용하는 힘($n_x$, n_y, n_{xy})에 대해 별도로 구한다. 그림 5-2a는 n_x에 의한 내부 힘을 도식적으로 보여준다. 압축장의 경사도 θ는 보의 웨브에서의 응력값을 사용할 수 있다(2.3.1절, 4.2절).

단면방향과 철근방향이 평행한 경우에는 평형조건식을 단순하게 구성할 수 있다. 또한 그림 5-2b에서처럼 주어진 철근의 방향을 고려하여 요소의 방향을 적절하게 조정함으로써 평면응력 요소에서 응력장의 합력을 쉽게 표현할 수 있다.

철근과 콘크리트에 작용하는 힘은 힘의 합력도(force diagram)를 이용하여 계산할 수 있다(그림 5-2c). 단위폭당 다음의 값들이 얻어진다.

$$n_\alpha = \frac{n_x}{\cos^2\alpha} \cdot \frac{\tan\beta \cdot \tan\theta}{\tan\alpha - \tan\beta \cdot (\tan\alpha - \tan\theta)} \tag{5.1}$$

$$n_\beta = \frac{n_x}{\cos^2\beta} \cdot \frac{\tan\alpha \cdot \tan\theta}{(\tan\beta - \tan\alpha) \cdot (\tan\beta - \tan\theta)} \tag{5.2}$$

$$n_\theta = \frac{n_x}{\cos^2\theta} \cdot \frac{\tan\alpha \cdot \tan\beta}{(\tan\theta - \tan\alpha) \cdot (\tan\theta - \tan\beta)} \tag{5.3}$$

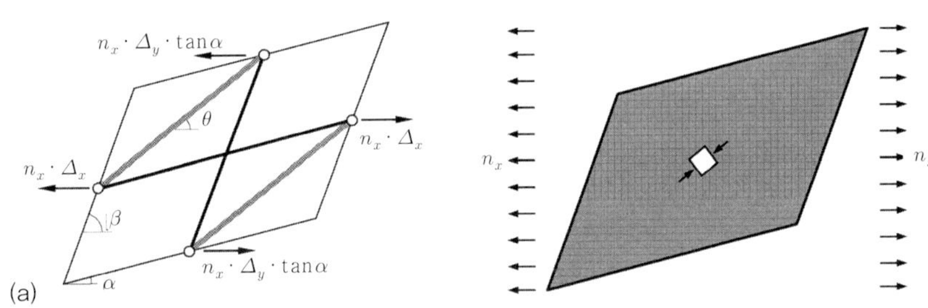

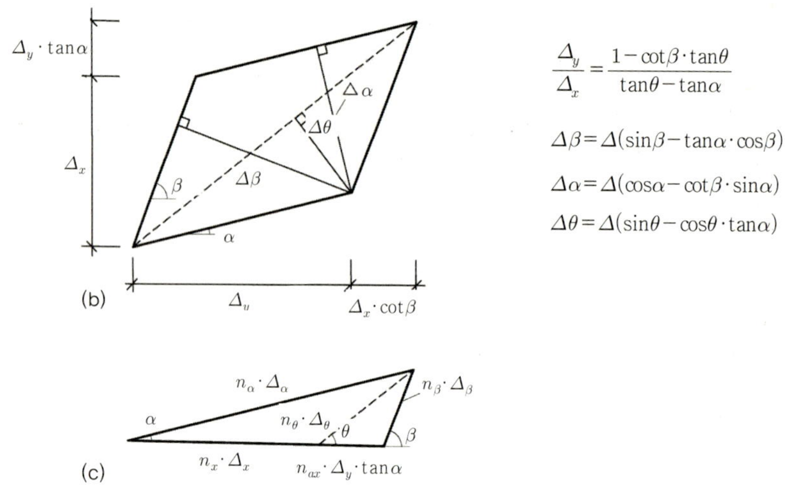

그림 5-2 n_x에 의해 발생하는 내부 힘

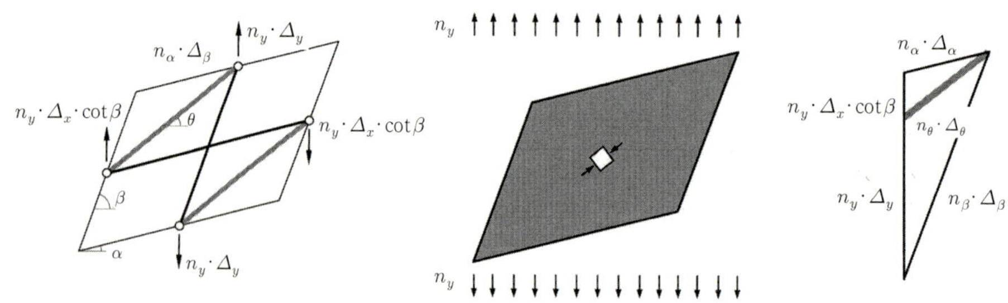

그림 5-3 n_y에 의해 발생하는 내부 힘

그림 5-3의 응력의 합 n_y에 의해 발생하는 내부 힘들은 다음과 같다.

$$n_\alpha = \frac{n_y}{\cos^2 \alpha} \cdot \frac{1}{(\tan \alpha - \tan \beta) \cdot (\tan \alpha - \tan \theta)} \tag{5.4}$$

$$n_\beta = \frac{n_y}{\cos^2 \beta} \cdot \frac{1}{(\tan \beta - \tan \alpha) \cdot (\tan \beta - \tan \theta)} \tag{5.5}$$

$$n_\theta = \frac{n_y}{\cos^2\theta}\cdot\frac{1}{(\tan\theta - \tan\alpha)\cdot(\tan\theta - \tan\beta)} \tag{5.6}$$

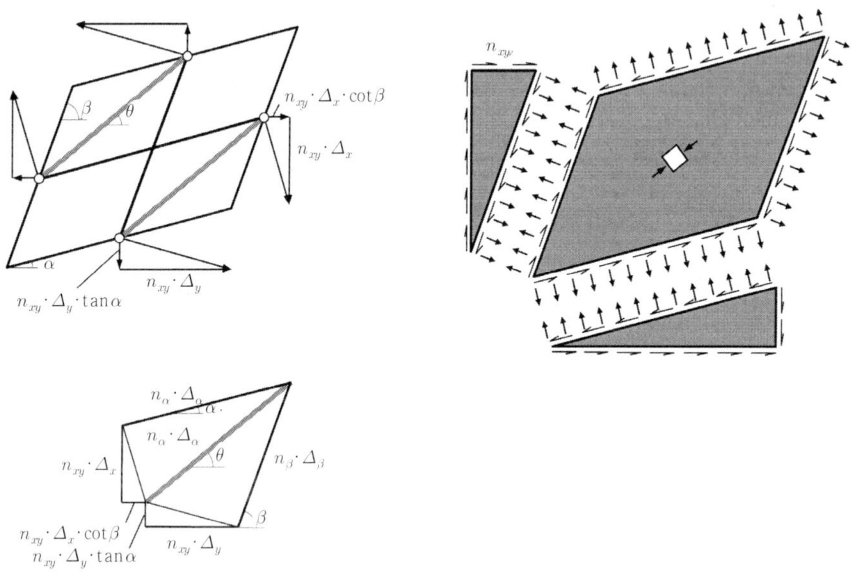

그림 5-4 n_{xy}에 의해 발생하는 내부 힘

최종적으로 응력의 합 n_{xy}(그림 5-4)는 다음과 같은 힘을 발생시킨다.

$$n_\alpha = \frac{n_{xy}}{\cos^2\alpha}\cdot\frac{\tan\beta + \tan\theta}{(\tan\alpha - \tan\beta)\cdot(\tan\alpha - \tan\theta)} \tag{5.7}$$

$$n_\beta = \frac{n_{xy}}{\cos^2\beta}\cdot\frac{\tan\alpha + \tan\theta}{(\tan\beta - \tan\alpha)\cdot(\tan\beta - \tan\theta)} \tag{5.8}$$

$$n_\theta = \frac{n_{xy}}{\cos^2\theta}\cdot\frac{\tan\alpha + \tan\beta}{(\tan\theta - \tan\alpha)\cdot(\tan\theta - \tan\beta)} \tag{5.9}$$

x축과 y축 방향으로 직교하는 철근의 경우에는 그림 5-5와 같은 힘이 발생한다. x축 또는 y축의 한 방향으로만 작용하는 하중은 해당 방향으로 배근된 철근이 직접적으로 부담한다. n_{xy}에 의한 하중의 경우는 이미 유도된 관계 식(5.7)~(5.9)에 $\alpha=0,\ \beta=\frac{\pi}{2}$를 대입하여 다음 식들도 단순화시킬 수 있다.

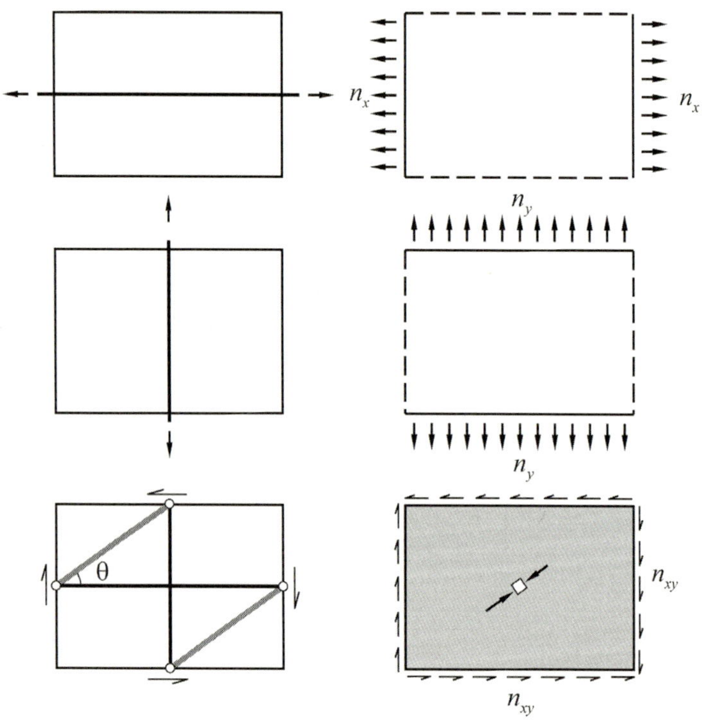

그림 5-5 직교 철근의 경우에 발생하는 내부응력

$$n_\alpha = n_{xy} \cdot \cot\theta \tag{5.10}$$

$$n_\beta = n_{xy} \cdot \tan\theta \tag{5.11}$$

$$n_\theta = n_{xy} \cdot \frac{1}{\sin\theta \cdot \cos\theta} \tag{5.12}$$

만일 이 세 응력의 합력이 동시에 작용을 한다면 설계는 다음과 같이 이루어질 수 있다.

- 압축장의 경사도 θ를 결정한다. n_x, n_y, n_{xy}에 의해 각각 발생한 n_α, n_β, n_θ를 다음과 같이 모두 더한다.

$$n_\alpha = \frac{n_x \cdot \tan\beta \cdot \tan\theta + n_y + n_{xy} \cdot (\tan\beta + \tan\theta)}{\cos^2\alpha \cdot (\tan\alpha - \tan\beta) \cdot (\tan\alpha - \tan\theta)} \tag{5.13}$$

$$n_\beta = \frac{n_x \cdot \tan\alpha \cdot \tan\theta + n_y + n_{xy} \cdot (\tan\alpha + \tan\theta)}{\cos^2\beta \cdot (\tan\beta - \tan\alpha) \cdot (\tan\beta - \tan\theta)} \tag{5.14}$$

$$n_\theta = \frac{n_x \cdot \tan\alpha \cdot \tan\beta + n_y + n_{xy} \cdot (\tan\alpha + \tan\beta)}{\cos^2\theta \cdot (\tan\theta - \tan\alpha) \cdot (\tan\theta - \tan\beta)} \tag{5.15}$$

콘크리트는 어떠한 크기의 인장력도 받을 수 없으므로 θ를 결정할 때 n_θ가 반드시 압축력(음수)이 되도록 해야 한다.

- 만약 n_α나 n_β 중 하나가 음수이면 (철근에 압축력 작용), θ을 변경함으로써 이 힘을 0으로 줄일 수 있다(그림 5-6). 동시에 나머지 철근에 작용하는 힘도 줄어든다.

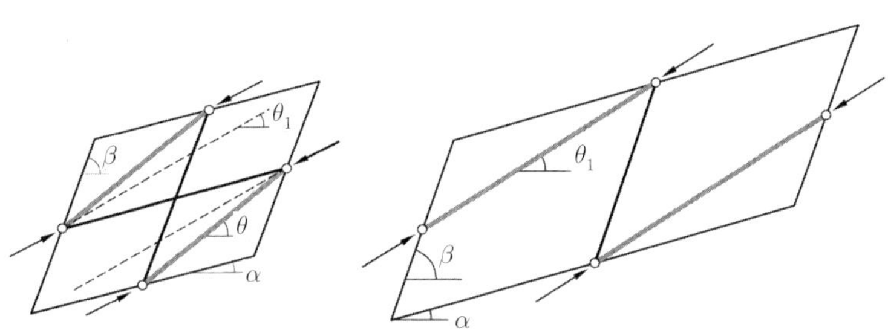

그림 5-6 철근에 작용하는 압축력을 제거하기 위한 θ의 변경

n_α와 n_β가 양수일 때 θ를 변화시키면 하나의 철근에 작용하는 힘은 감소하고 나머지 철근에 작용하는 힘은 증가한다. 그림 2-27에서 보여주듯 보의 웨브에 대해서도 이와 같은 관계가 성립한다. 이처럼 적절한 기준(예를 들어 철근량의 최소화, 콘크리트 압축력의 최소화 또는 작용하중하에서의 거동)에 따라 내부적인 구조적 거동을 선택할 수 있다.

- 소요철근량은 다음과 같은 조건으로부터 구할 수 있다.

$$a_{s\alpha} \cdot f_y \ge n_\alpha \tag{5.16}$$

$$a_{s\beta} \cdot f_y \ge n_\beta \tag{5.17}$$

- 플레이트의 소요 두께는 다음 식으로부터 구할 수 있다.

$$t \cdot f_\alpha \ge -n_\theta \tag{5.18}$$

5.2 슬래브 요소

설계를 위하여 슬래브 요소를 그림 5-7에서와 같이 두 개의 평면응력 요소로 나눌 수 있다.

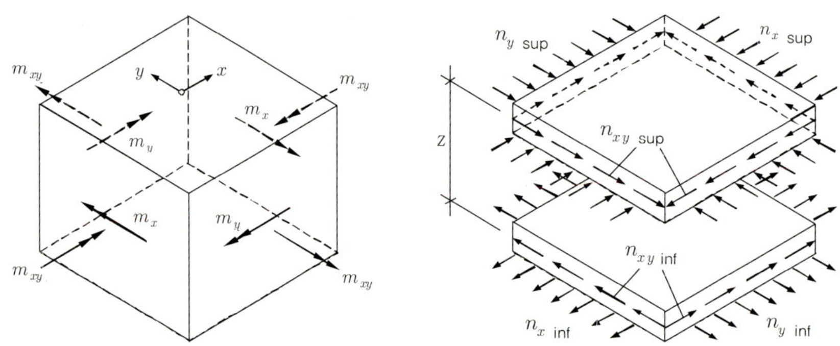

그림 5-7 두 개의 평면응력 요소로 나누어진(분리된) 슬래브 요소

두 개의 평면 응력 요소에 작용하는 응력은 휨모멘트를 내부 모멘트 팔길이 z로 나누어 구할 수 있다.

$$n_{x,\inf} = m_x / z \qquad n_{x,\sup} = -m_x / z \tag{5.19}$$

$$n_{y,\inf} = m_y / z \qquad n_{y,\sup} = -m_y / z \tag{5.20}$$

$$n_{xy,\inf} = m_{xy} / z \qquad n_{xy,\sup} = -m_{xy} / z \tag{5.21}$$

모멘트 팔길이는 일단 가정한 후, 평면 응력 요소의 압축강도를 최대한으로 사용함으로써 반복계산을 통해 결정한다. 콘크리트와 철근의 설계강도는 앞 절에서 유도한 식을 사용하여 구할 수 있다. 여기서 압축장 기울기 $\theta_{\sup}$와 $\theta_{\inf}$는 각각에 대해 독립적으로 선택할 수 있다.

슬래브의 두께 방향 전단력은 두 평면 응력 요소 사이의 웨브 요소에 의해 지지되어야 한다. 슬래브에 작용하는 전단력은 일반적으로 작기 때문에 전단보강재가 필요없다. 이는 콘크리트의 인장강도가 전단력에 의해 발생하는 인장력을 충분히 견딜 수 있기 때문이다. 그러나 만일 전단력이 크다면, 평면 응력 요소 사이의 웨브 요소를 보의 웨브처럼 설계할 수 있다.

그림 5-8은 x축과 y축 방향으로 직교하는 철근이 있는 요소에 작용하는 응력의 합과 그에 따른 설계강도를 나타낸다.

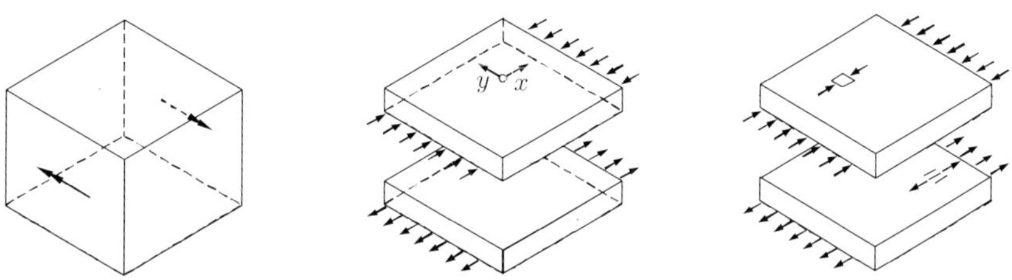

(a)

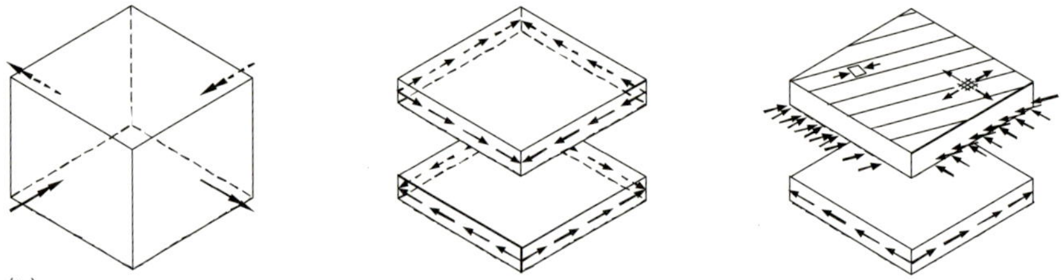

(b)

그림 5-8 직교하는 철근이 있는 슬래브 요소에 m_x, m_y, m_{xy}가 작용할 때 응력의 합과 설계강도

이 응력장들은 슬래브 가장자리에서 평형조건과 내부응력을 시각적으로 확인할 수 있게 해준다. 그림 5-9a에서와 같이 외부 비틀림 반력이 없는 단부에 발생하는 비틀림 모멘트 m_{xy}는 이와 맞닿아 있는 수직요소의 수평 가장자리에 발생하는 전단력과 평형을 이룬다. 이 요소는 슬래브의 가장자리를 따라 전단력에 저항해야 하므로 수직철근이 필요하다. 응력장으로 미루어 보아 수평철근 또한 슬래브의 가장자리에 완전히 정착되어야 한다는 사실을 확실히 알 수 있다.

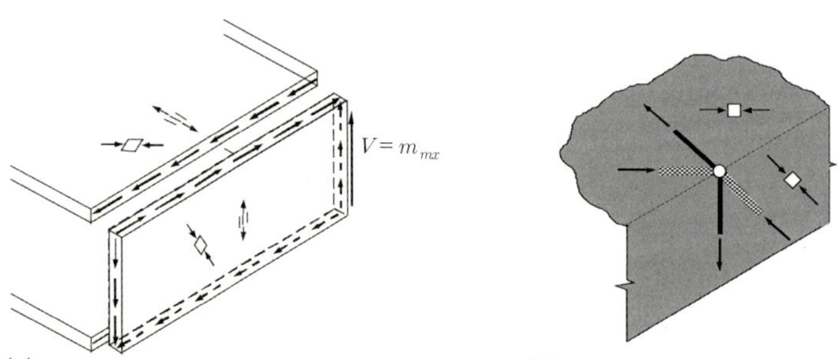

(a) (b)

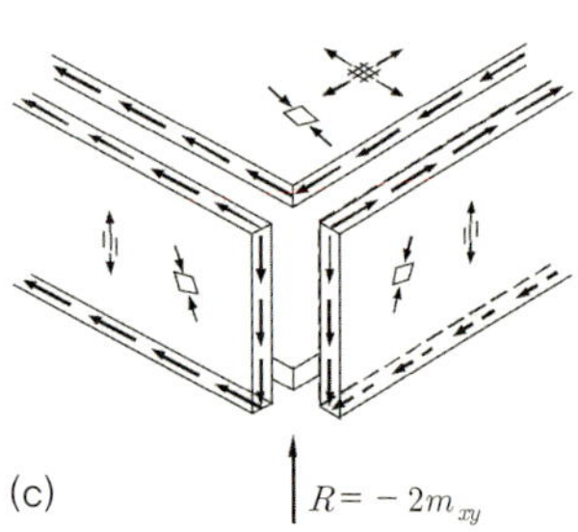

(c)

그림 5-9 비틀림모멘트에 의해 슬래브의 자유단과 모서리에 발생하는 응력상태

이 두 가지 조건은 철근을 루프형태로 배근함으로써 모두 만족시킬 수 있다. 이 루프철근의 경사분력이 수평요소의 스트럿 거동을 수직요소의 스트럿 거동으로 변화시키는 역할을 한다(그림 5-9b). 두 개의 수직요소가 만나는 모서리 영역에서는 수직 전단력이 지점반력과 평형을 이룬다(그림 5-9).

5.3 쉘 요소

쉘 요소의 경우에는 슬래브 요소에서와 같이 휨모멘트와 면내력(membrane forces)이 두 개의 평면응력 요소에 의해 지지된다.

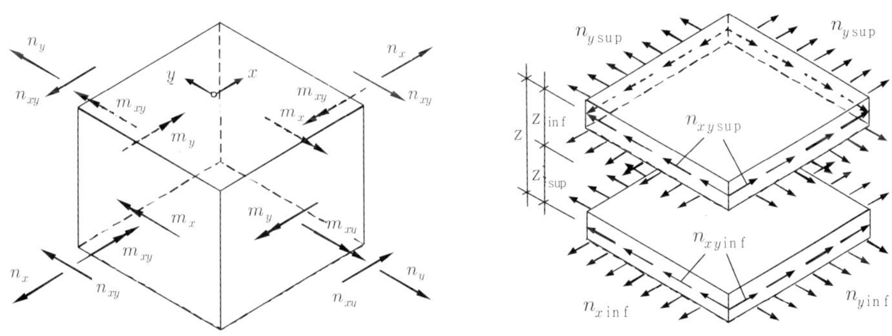

그림 5-10 두 개의 평면응력 요소로 나누어진 쉘 요소

두 개의 평면응력 요소의 응력은 다음과 같이 구해진다.

$$n_{x,\mathrm{inf}} = (m_x + n_x \cdot z_{\mathrm{sup}})/z \qquad n_{x,\mathrm{sup}} = (-m_x + n_x \cdot z_{\mathrm{inf}})/z \tag{5.22}$$

$$n_{y,\mathrm{inf}} = (m_y + n_y \cdot z_{\mathrm{sup}})/z \qquad n_{y,\mathrm{sup}} = (-m_y + n_y \cdot z_{\mathrm{inf}})/z \tag{5.23}$$

$$n_{xy,\mathrm{inf}} = (m_{xy} + n_{xy} \cdot z_{\mathrm{sup}})/z \qquad n_{xy,\mathrm{sup}} = (-m_{xy} + n_{xy} \cdot z_{\mathrm{inf}})/z \tag{5.24}$$

설계강도를 결정하기 위한 경우에도 평면응력 요소에 대한 방정식이 여전히 유효하다.

그림 5-11은 2.4.3절에서 예로 든 전단력과 휨모멘트가 동시에 작용하는 웨브이다. 이 웨브는 전단응력장의 편심거동에 의해 휨모멘트에 저항한다(참고문헌 [37] 참조). 그로 인하여 비틀림 모멘트가 발생하지만 그것은 단순히 웨브 플레이트에 작용하는 전단력의 작용선을 약간 위치 이동시킬 뿐, 그리 중요하지 않다.

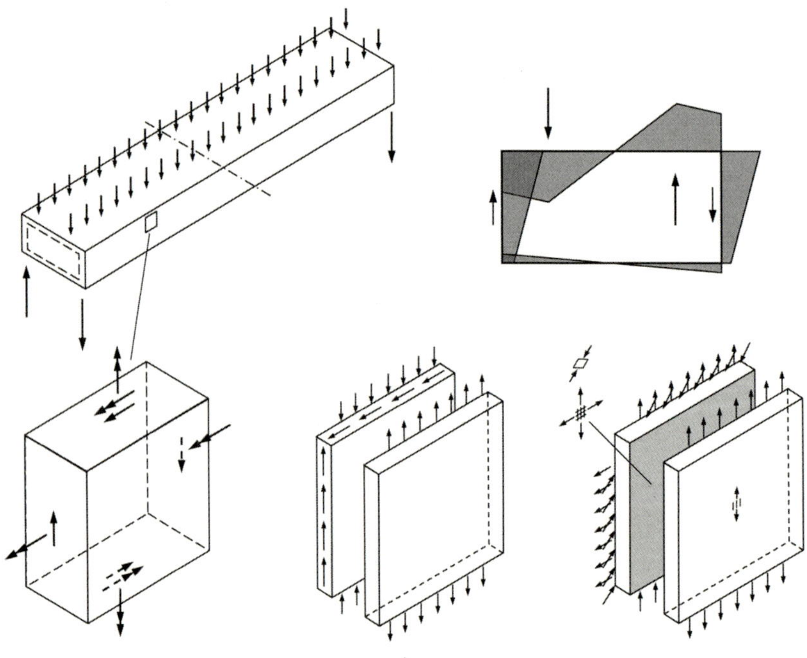

그림 5-11 전단력과 휨모멘트가 동시에 작용하는 웨브

6

향후 전망 : 컴퓨터 프로그램

지금까지 모든 수치적 예제들은 컴퓨터 프로그램의 도움 없이 내부응력상태를 나타내었다. 대부분의 실제적인 경우를 언급하지 않는다면, 몇몇 보조적 프로그램의 도움을 받아 수 계산의 사용으로도 충분하여 경제적으로 경쟁력 있는 방법으로 볼 수 있다.

그러나 이러한 방법들을 수행하기 위한 컴퓨터 프로그램이 개발되어야 함을 인식하였다. 그러한 작업을 수반한 문제를 다루는 것은 이 책의 범주를 넘어서는 것이다. 그러나 관련 있는 수학적 문제에 대한 입장과 적절한 조사·연구에 관련된 몇 가지 언급을 첫 번째 오리엔테이션으로 다룬다.

매우 우수하게 개발된 탄성 유한요소해석 프로그램은 사용할 수 있는 효과적인 방법으로 선형 방정식의 해를 구한다. 소성이론을 이용한 응력장 전개에 관한 수학적인 공식은 선형 방정식과 부등식의 제한을 만족하는 객관적인 선형 함수를 최소화하기 위한 선형 프로그램을 개발을 유도한다. 이러한 해는 특별히 사용 가능한 프로그램 개발을 위해 부가적인 방법이 필요하다.

M. Schlaich는 이산 트러스 모델에 기반을 둔 상호작용 컴퓨터 프로그램을 만들었다. 이것은 탄성해, 소성해, 실험적인 하중과 최소 보강재 같은 최적 해를 얻는 대안을 제공한다.

가령 플레이트 면 내에 하중이 작용하는 RC벽체의 설계를 위해, R. Hajdin은 삼각형, 불균등하게 작용하는 응력 요소, 그리고 상호적, 정적으로 허용할 수 있는 응력장을 만들기 위해 선형보강 요소를 제공한다.

최근에 Anderheggen과 al.[40]이 선형 탄성 유한요소해석으로 시작하는 새로운 접근법을 발표했다. 매우 큰 응력을 받는 구역을 완화시키고 적절한 방법으로 내력을 재분배하기 위하여 잔류응력들을 고려하였다. Z. Despot[41]은 면 내에 하중이 작용하는 플레이트를 위한 상호작용 프로그램을 작성한 반면, P. Steffen[42]는 가로방향으로 하중이 작용하는 보강된 슬래브를 위한 프로그램을 개발하였다. 그는 또한 내력의 소성재분배를 이용하여 대부분의 경우에 1/3 정도의 보강재를 절약할 수 있음을 증명하였다. 두 프로그램 모두, 연구 용도를 위해 개발되었음에도 불구하고, 매우 주목할만큼 사용자에게 친근함을 보여주었다. 그러나 소성이론과 응력장 해석에 관한 직관과 시각화의 기초적인 지식은 이 책에 제시된 방법을 연구함으로써 얻을 수 있으며, 수 계산을 이용한 실용적인 적용이 컴퓨터 결과에 대한 합리적인 해석을 위해 매우 유용하다.

저자는 응력장을 이용함으로써 철근콘크리트구조설계를 보완할 실용적인 컴퓨터 프로그램이 제공됨에 따라 전망 좋은 출발이 이루어진 것을 매우 기쁘게 생각한다.

이 책의 모든 예제들을 푸는데 있어서 컴퓨터 프로그램의 도움은 필요하지 않았다. 실제로 대부분의 경우에 몇몇 보조프로그램만 있으면 문제를 충분히 해결할 수 있으며 이렇게 하는 것이 경제적이기도 하다.

그러나 이를 보완해 줄 수 있는 컴퓨터 프로그램은 반드시 개발되어야 하며, 여기서는 프로그램과 관련한 수학적 특징 및 관련 연구에 대한 언급만을 함으로써 방향을 제시하고자 한다.

고도로 발달된 탄성유한 요소 해석 프로그램은 사용 가능한 여러 방법들을 통해 선형방정식의 해를 구할 수 있다. 소성이론에 의한 응력장을 구성하도록 공식화하는 과정은 선형방정식과 부등 제약조건을 동시에 만족시키면서 목적선형함수를 최소화할 수 있도록 선형프로그램을 제작하는 것에 유용한 프로그램이 되기 위해서는 이 분야만의 특화된 방법을 이용해야 한다.

M. Schlaich[38]는 불연속 트러스 모델에 기반을 둔 대화식 컴퓨터 프로그램을 개발하였다. 이 프로그램은 탄성해석과 소성해석을 선택적으로 수행할 수 있으며 파괴하중을 구할 수 있고 최적의 설계를 위한 최소철근량을 구할 수 있다.

철근콘크리트벽체(면내 하중을 받는 플레이트) 설계를 위해 R. Hajdin[30]는 삼각형 등분포응력요소와 선형철근요소를 사용하여 정역학적으로 허용 가능한 응력장을 구성하는 것을 대화식으로 가능하도록 하였다.

최근에 Anderheggen 등[40]이 제안한 새로운 접근법에서는 먼저 선형탄성유한 요소해석을 한 후, 과도한 응력을 받는 영역에 잔류변형도를 도입하여 내부 힘의 재분배를 유도하는 과정을 근사적으로 수행한다. Z. Despot[41]은 면내하중을 받는 플레이트 요소를 위한 대화식 프로그램을 만들었다. 반면 P. Steffen[42]는 면외하중을 받고 철근이 있는 슬래브 설계 프로그램을 개발하였는데, 그는 내부 힘을 소성 재분배할 경우 소요 철근량을 최대 3분의 1까지 절감할 수 있음을 이 프로그램을 통해 보여주었다. Despot과 Steffen의 프로그램들은 연구목적으로 개발되었음에도 불구하고 사용자가 매우 쉽게 사용할 수 있도록 만들어져 있다. 그러나 아무리 프로그램이 좋더라도 이 책을 통해 학습한 소성학의 기본 지식, 응력장을 직관적이고 시각적으로 구성하는 방법, 그리고 수계산을 통한 실제 예제학습이 선행되어야만 컴퓨터 프로그램의 해석 결과를 제대로 이해할 수 있다.

참고문헌

1. MacGregor J.G. : Challenges and Changes in the Design of Concrete Structures, Concrete International, 1984.
2. Melan E. : Der Spannungszustand eines Mises-Henckyshen Kontinuums bei veränderlicher Belastung, Sitz. ber. Akad. Wiss. Wien, Abt. IIa, 147, 1938.
3. Maillart R. : Aktuelle Fragen des Eisenbetonbaues, Schweizerische Bauzeitung 56, 1938.
4. Mörsch E. : Der Eisenbetonbau – Seine Theorie und Anwendung, Verlag von Konrad Wittwer, Stuttgart, 3. Aufl. 1980, 4. Aufl. 1912, 5. Aufl. 1.Bd., 1. Hälfte 1920, 2. Hälfte 1922.
5. Prager W., Hodge P.G. : Theory of Perfectly Plastic Solids, John Wiley & Sons, Inc., New York, 1951.
6. Ritter W. : Die Bauweise Hennebique, Schweizerische Bauzeitung 17, 1899.
7. Drucker D.C. : On Structural Concrete and the Theorems of Limit Analysis, International Association for Bridge and Structural Engineering (IABSE), Zürich, Abhandlungen 21, 1961.
8. Thürlimann B., Grob J., Lüchinger P. : Torsion, Biegung und Schub in Stahlbetonträgern, Institute of Structural Engineering, ETH Zürich, Autographie zum Fortbildungskurs für Bauingenieure, 1975.
9. Thürlimann B., Marti P., Pralong J., Ritz P., Zimmerli B. : Anwendung der Plastizitätstheorie auf Stahlbeton, Institute of Structural Engineering, ETH Zürich, Autographie zum Fortbildungskurs für Bauingenieure, 1983.
10. Nielsen M.P. : Limit Analysis and Concrete Plasticity, Prentice-Hall, Englewood Cliffs, New Jersey, 1984.
11. Chen W.F. : Limit Analysis and Soil Plasticity, Elsevier Scientific Publishing Company, Amsterdam, Oxford, New York, 1975.
12. Müller P. : Plastische Berechnung von Stahlbetonscheiben undbalken, Institute of Structural Engineering, ETH Zürich, Report No. 83, Birkhäuser Basel, Stuttgart, 1978.
13. Marti P. : Basic Tools of Reinforced Concrete Beam Design, Journal of the American Concrete Institute, Vol. 82, No. 1, Jan.-Feb. 1985. Discussion, Vol. 82, No. 6, Nov.-Dec. 1985.
14. Collins M.P., Mitchell D. : Shear and Torsion Design of Prestressed and Non-Prestressed Concrete Beams, Journal of the Prestressed Concrete Institute, Vol. 25, No. 5, Sept.-Oct. 1980. Discussion, Vol. 26, No. 6, Nov.-Dec. 1981.

15. Schlaich J., Weischede D. : Ein praktisches Verfahren zum methodischen Bemessen und Konstruieren im Stahlbetonbau, Comité Euro-International du Béton(CEB), Bulletin d'Information No. 150, Paris, 1982.

16. Schlaich J., Schäfer K. und Jennewein M. : Toward a Consistent Design of Structural Concrete, Journal of the Prestressed Concrete Institute, Vol. 32, No. 3, 1987.

17. Exner H. : On the Effectiveness Factor in Plastic Analysis of Concrete, Internationale Vereinigung für Brückenbau und Hochbau(IVBH), Schlussbericht Kolloquium Kopenhagen, Zürich, 1979.

18. Menne B. : Zur Traglast der ausmittig gedrückten Stahlbetonstütze mit Umschnürungs bewehrung, Deutscher Ausschuss für Stahlbeton, Heft 285, Wilhelm Ernst & Sohn, Berlin, 1977.

19. Muttoni A. : Die Anwendbarkeit der Plastizitätstheorie in der Bemessung von Stahlbeton, Institute of Structural Engineering, ETH Zürich, Birkhäuser Basel, Boston, Berlin, 1990.

20. Ferguson P.M., Thompson J.N. : Development Length for High Strength Reinforcing Bars, Journal of the American concrete Institute, Proc. V. 59, 1962.

21. Ferguson P.M., Thompson J.N. : Development Length for Large High Strength Reinforcing Bars, Journal of the American concrete Institute, Proc. V. 62, 1965.

22. Chamberlin S.J. : Spacing of Reinforcement in Beams, Journal of the American Concrete Institute, Proc. V. 53, 1956.

23. Robinson J.R., Zsutty T.C., Guiorgadze G., Lima L.J., Jung H.L., Villatoux J.P. : La Couture des Junctions par Adhérence, Annales de l'Institut Technique du Bâtiment et des Travaux Publics, Supplément du No. 318, Paris, 1984.

24. Chinn J., Ferguson P.M., Thompson J.N. : Lapped Splices in Reinforced Concrete Beams, Journal of the American Concrete Institute, Proc. V. 52, 1955.

25. Ferguson P.M., Breen J.E. : Lapped Splices for High Strength Reinforcing Bars, Journal of the American Concrete Institute, Proc. V. 62, 1965.

26. Chamberlin S.J. : Spacing of Spliced Bars in Beams, Journal of the American Concrete Institute, Proc. V. 54, 1958.

27. Ferguson P.M., Briceno E.A. : Tensile Lap Splices - Part 1 : Retaining Wall Type, Varying Moment Zone, Research Report 113-2, Center for Highway Research, The University of Texas at Austin, 1969.

28. Ferguson P.M., Krishnaswamy C.N. : Tensile Lap Splices - Part 2: Design Recommendations for Retaining Wall Splices and Large Bar Splices, Research Report 113-3, Center for Highway Research, The University of Texas at Austin, 1971.

29. Thompson M.A., Jirsa J.O., Breen J.E., Meinheit D.F. : The Behavior of Multiple Lap Splices in Wide Sections, Research Report 154-1, Center for Highway Research, The University of Texas at Austin, 1975.

30. Tepfers R. : A Theory of Bond Applied to Overlapped Tensile Reinforcement Splices for Deformed Bars, Publication 73.2, Division of Concrete Structures, Chalmers University of Technology, Göteborg, 1973.

31. Rathkjen A. : Forankringsstyrke af armeringsjern ved bjaekeunderstøtninger, Rapport 7203, DIAB Aalborg, Ren & Anvendt Mekanik, 1972.

32. Hess U. : The Anchorage of Reinforcing Bars at Supports, Internationale Vereinigung für Brückenbau und Hochbau, Schlussbericht Colloquium Kopenhagen, Zürich, 1979.

33. Stucki D., thürlimann B. : Versuche an Eckverbindungen aus Stahlbeton, Institute of Structural Engineering, ETH Zürich, Report No. 8701-1, Birkhäuser Basel, Boston, Berlin, 1990.

34. Hillerborg A. : Strip Method of Design, Cement and Concrete Association, Viewpoint Publication 12.067, Wexham Springs, 1975.

35. Marti P. : Gleichgewichtslösungen für Flachdecken, Institute of Structural Engineering, ETH Zürich, Report No. 117, Birkhäuser Basel, Boston, Stuttgart, 1981.

36. Muttoni A., Schwartz J., Thürlimann B. : Bemessen und Konstruieren von Stahlbetontragwerken mit Spannungsfeldern, institute of Structural Engineering, ETH Zürich, Lecture Notes, 1987.

37. Thürlimann B. : Schubbemessung bei Querbiegung, Schweizerische Bauzeitung, Heft 26, 1977.

38. Schlaich M. : Computerunterstützte Bemessung von Stahlbetonscheiben mit Fachwerkmodellen, Report No. 1, Institute of Structural Engineering, ETH Zürich, 1989.

39. Hajdin R. : Computerunterstützte Berechnung von Stahlbetonscheiben mit Spannungsfeldern, Institute of Structural Engineering, ETH Zürich, Report No. 175, Birkhäuser Basel, Boston, Stuttgart, 1990.

40. Anderheggen E., Despot Z., Steffen P. N., Tabatabai S. M. R. : Finite Elements and Plastic Theory : Integration in Optimum Reinforcement Design, Proceedings of the sixth international conference on computing in civil and building engineering, Berlin, Germany, July 1995, A. A. Balkema, Rotterdam, Brookfield, 1995.

41. Despot Z. : Method der Finiten Elemente und Plastizitätstheorie zur Bemessung von Stahl-betonscheiben, Institute of Structural Engineering, ETH Zürich, Ph.D. thesis No. 11611, 1996.

찾아보기

ㄱ

가상변위의 원리 22
강체-소성 14
격막 52, 77
겹침이음 108
골재 맞물림 102
골조의 접합부 73
구속 97
균열이 있는 콘크리트 87
극한상태이론 27
기하학적 가능 22
기하학적 관점 123
기하학적 붕괴해법 19
깊은 보 27

ㄴ

내부응력 24, 27, 29
내부응력의 재분배 117, 119

ㄷ

단면법 54, 55
단면이 급격히 변하는 보 84
뒤틀림 51
등분포하중 36, 67

ㅁ

모멘트-곡률 관계 13
모어-쿨롱 가설 98

ㅂ

벽체 86
변단면의 보 45
보-기둥 128
부착응력 40
부착작용 92
부채꼴 37
불연속 30
붕괴기구 9, 11
붕괴하중 15, 17
브래킷 70
비틀림 62

ㅅ

사용성 48
사용하중 102
사용하중상태 48
상한계이론 22
세장한 보 72
소성이론 11
소성흐름법칙 19
순수비틀림 64
스터럽 24, 27
스트럿 28
실용설계 51

ㅇ

압축장의 기울기 52, 118
압축플랜지 58
연결보 71
요구연성도 104
응력분포 20
응력장 26
인장플랜지 60

ㅈ

자유물체도 55
재료의 강도 93
전단벽 86
절점영역 32, 109
접합부 73
절점의 응력장 21
정역학적 가능 17
정역학적 해법 15
정착 105
조합하중 68
직사각형 단면 27
집중하중 27, 35
집중압축응력구역 112

ㅋ

캔틸레버 52
콘크리트강도 113
콘크리트 유효압축강도 5
크레모나 도해법 35

ㅌ

통합설계법 42, 44

ㅍ

프리스트레스트 보 132
플랜지 42

ㅎ

합력 36
항복응력 13
항복조건 15, 19
휨모멘트-축력 상관도 130
힘의 방향변화 95
힘의 확산 107

기타

1축응력상태 82
1축압축응력장 19
2축 응력상태 31
3차원 예제 92
3차원 응력상태 99

편저자 소개

홍성걸
- 서울대학교 건축학과 교수
- 공학박사
- 한국콘크리트학회 회원

천성철
- 목포대학교 건축공학과 교수
- 공학박사, 건축구조기술사
- 한국콘크리트학회, 대한건축학회, 미국콘크리트학회 정회원
- 콘크리트용 앵커설계법 및 예제집(2007), 콘크리트구조설계기준(2007), 건축구조설계예제집(2009), 콘크리트표준시방서(2009) 집필위원

하태훈
- (주)대우건설 기술연구원 선임연구원
- 공학박사
- 한국콘크리트학회 정회원
- 콘크리트구조부재의 스트럿-타이 모델 설계 예제집(2007) 집필위원

김남희
- 공학박사
- 서울대 교량연구사업단 연구원
- 서울대학교 건축학과 객원교수

응력장을 이용한 철근콘크리트구조설계

2011년 8월 10일 1판 1쇄 인쇄
2011년 8월 15일 1판 1쇄 발행

편 저 자	홍성걸, 천성철, 하태훈, 김남희
발 행 인	강 해 작
발 행 처	기 문 당
주 소	서울시 성동구 무학봉 28길 4-1 (왕십리동 966-22)
전 화	02) 2295-6171(代)~5
팩 스	02) 2296-8188
출판등록	1976. 10. 7 (1-44)
홈페이지	http : // 기문당 http : // www.kimoondang.com
I S B N	978-89-6225-347-4 93540
정 가	12,000원